FAO中文出版计划项目丛书

土壤侵蚀：可持续土壤管理的巨大挑战

联合国粮食及农业组织　编著

陈保青　董雯怡　张润哲　译

U0256090

中国农业出版社

联合国粮食及农业组织

2021·北京

引用格式要求：

粮农组织和中国农业出版社。2021年。《土壤侵蚀：可持续土壤管理的巨大挑战》。中国北京。

12-CPP2020

本出版物原版为英文，即 *Soil erosion: The greatest challenge for sustainable soil management*，由联合国粮食及农业组织于2019年出版。此中文翻译由中国农业科学院农业环境与可持续发展研究所安排并对翻译的准确性及质量负全部责任。如有出入，应以英文原版为准。

本信息产品中使用的名称和介绍的材料，并不意味着联合国粮食及农业组织（粮农组织）对任何国家、领地、城市、地区或其当局的法律或发展状况，或对其国界或边界的划分表示任何意见。提及具体的公司或厂商产品，无论是否含有专利，并不意味着这些公司或产品得到粮农组织的认可或推荐，优于未提及的其他类似公司或产品。

本信息产品中陈述的观点是作者的观点，不一定反映粮农组织的观点或政策。

ISBN 978-92-5-134691-4（粮农组织）
ISBN 978-7-109-28152-3（中国农业出版社）

FAO中文出版计划项目丛书

指导委员会

主　任　隋鹏飞

副主任　谢建民　倪洪兴　韦正林　彭廷军　童玉娥　蔺惠芳

委　员　徐　明　徐玉波　朱宝颖　傅永东

缩 略 语

FRNs | Fallout radionuclides 大气散落放射性元素

GAEC | Good Agricultural and Environmental Condition 良好的农业和环境条件

GLASOD | Global Assessment of Land Degradation 全球土壤退化评估

GSP | Global Soil Partnership (of FAO) 全球土壤伙伴关系(联合国粮食及农业组织)

IPBES | Intergovernmental Science-Policy Platform on Biodiversity and Ecosystem Services 生物多样性和生态系统服务政府间科学政策平台

ITPS | Intergovernmental Technical Panel on Soils (of FAO) 政府间土壤技术专家组(联合国粮食及农业组织)

LIDAR | ground-based light detection and range 地面光探测和测距

MODIS | Moderate Resolution Imaging Spectroradiometer 中分辨率成像光谱仪

MUSLE | Modified Universal Soil Loss Equation 改良版通用土壤流失方程

NCP | Nature's Contributions to People 自然对人类的贡献

PES | Payment for Ecosystem Services 生态服务付费

RUSLE | Revised Universal Soil Loss Equation 修正通用土壤流失方程

RWEQ | Revised Wind Erosion Equation 修正风蚀方程

RWSC | Revised World Soil Charter 《世界土壤宪章》修订版

SLEMSA | Soil Loss Estimation Model for South Africa 南非土壤流失评估模型

SOC | Soil Organic Carbon 土壤有机碳

SOM | Soil Organic Matter 土壤有机质

SSM | Sustainable Soil Management 可持续土壤管理

SWAT | Soil and Water Assessment Tool 水土评估工具

SWSR | Status of the World's Soil Resources (Report) 世界土壤资源状况（报告）

UNCCD | United Nations Convention to Combat Desertification 联合国防治荒漠化公约

USDA | United States Department of Agriculture 美国农业部

USLE | Universal Soil Loss Equation 通用土壤流失方程

VGSSM | Voluntary Guidelines for Sustainable Soil Management 可持续土壤管理自愿准则

WEAM | Wind Erosion Assessment Model 风蚀评估模型

WEPS | Wind Erosion Predictions System 风蚀预测系统

WEQ | Wind Erosion Equation 风力侵蚀方程

WOCAT | World Overview of Conservation Approaches and Technologies 世界水土保持技术和方法纵览

术 语 表

保护性农业：农业措施的一种体系，包括少耕或免耕、农作物残留永久性有机覆盖以及包含覆盖作物在内的轮作（Palm等，2014）。

荒漠化：气候变化和人类活动等因素造成的干旱、半干旱和半湿润干旱地区的土壤退化 [联合国（UN）]。

可蚀性：用于描述土壤对侵蚀营力产生剥蚀和搬运的敏感性（Lal和Elliot，1994）。

动态交换：侵蚀过程中流失的土壤有机碳被植物光合作用产生的有机碳补充更换的过程（Hardin等，1999）。

生态系统服务功能：自然过程及其组成部分直接或间接地供给满足人类所需的商品和服务的能力（UN）。

大气散落放射性元素：大气沉积到土壤中的放射性核素。^{137}Cs已被广泛用作土壤侵蚀研究的示踪剂（Mabit等，2018）。

河流运输：河流或溪流中的沉积物的搬运过程。

沟蚀：在大于0.3米深的沟壑中流水对土壤的剥蚀和搬运（Castillo和Gomez，2016）。通俗地说，侵蚀产生的此类沟壑不能通过耕种方式来填充。

细沟间侵蚀：雨滴和地表径流产生对土壤的剥蚀及搬运，也称为面蚀（Lal和Elliot，1994）。

免耕：在未耕作的土壤上播种种植的耕作方法。该方法下只在土壤表面进行开沟等操作，来保证播种的深度和宽度，不进行其他土壤耕作（Derpsch等，2010）。

降雨侵蚀力：降雨引起土壤剥蚀和搬运的能力。降雨侵蚀力由雨滴下落的直接影响和降雨汇集形成径流的影响共同产生（Lal和Elliot，1994）。

细沟侵蚀：流水在小于0.3米深的细沟中对土壤的剥蚀和搬运（Castillo和Gomez，2016）。通俗地说，细沟是可通过耕作操作被填充的。

径流：未渗入土壤的降雨或融雪在土壤表面形成的水流。

跃移：沉积物在土壤表面（风蚀）或床面（细沟、沟壑或河流）搬运过程中发生的跳跃搬运的现象。

沉积物：风力侵蚀和水力侵蚀过程中被搬运的土壤。

沉积作用：流动水（河道或河滩）或静态水（湿地、湖泊、海洋）中沉积物的沉积。

面蚀：见"细沟间侵蚀"。

土层：具有特定形态的一层土壤，如颜色、结构、质地（即沙粒、粉粒、黏粒）的百分比含量。在正式的分类系统中，具有不同特定形态学和其他属性的不同土层用不同字母来表示（如A、B、C）。

土壤侵蚀：土壤被剥离并从原始位置被运走的各个过程的长期净平衡结果。

土壤颗粒：土壤矿物颗粒通常按粒径大小划分为黏粒（<2微米）、粉粒（2～5微米）、沙粒（0.05～2毫米）。壤土表示所含沙粒、粉粒、黏粒大致相当的一种土壤类型。

悬移：沉积物在整个搬运过程中完全处在流水或风流内部（即搬运过程中不接触表面）。

耕作侵蚀：耕作操作对土壤产生的剥蚀、搬运及位移作用（Govers，Lobb和Quine，1999）。

容许土壤流失量：①在不需要额外投入条件下，能保障土壤连续耕作和生产力不下降时的最大年均土壤流失量；②能够维持土壤损益平衡，理论上被土壤最大生成速率所抵消的流失量［美国土壤科学协会（SSSA），2001］。

表土层：用来表示富含有机质的土壤表层的非专业术语。

概　　要

　　尽管经过将近一个世纪的研究调查和持续的努力，风力作用、水力作用和耕作活动导致的土壤侵蚀仍然是全球众多地区土壤健康及土壤生态服务功能最严峻的威胁。我们已经确认了土壤侵蚀的物理过程和侵蚀过程中的控制因素。然而，在某些方面仍然存在争议，这些争议阻碍了全球许多地区实施合理的侵蚀控制措施。

　　由于采用的方法不一致，不同研究估算的地区和全球土壤损失率有很大差异。一般来说，实验地块的年平均土壤流失量的估计值 [8 ~ 50吨 /（公顷·年）] 要比区域和全球模型高得多 [2 ~ 4吨 /（公顷·年）]。土壤的侵蚀速率必须在容许损失范围内，基于土壤生产率计算的容许土壤流失速率范围为每公顷每年0.2 ~ 2.2吨，而基于作物产量维持的容许速率为每公顷每年1 ~ 11吨。土壤流失和容许土壤流失间具有很大范围，因此我们需要对每一个地点进行针对性的研究，以确定不同土壤对侵蚀表土损失的敏感性。

　　根据2015年联合国粮农组织（FAO）关于土壤可持续管理的定义，容许土壤流失量还应考虑土壤侵蚀对土壤提供的生态系统服务功能的影响，例如土壤对水和空气质量的调节。

　　据估计，受侵蚀的影响，平均每年全球作物产量下降0.4%。模型研究的结果表明，这种产量损失对整体农业经济的影响是很小的，因为通常土地价格和劳动力会根据土壤生产力的变化进行适应性调整。而一项在非洲国家马拉维的研究表明，土壤和养分流失对贫困人口和以妇女为主的家庭产生很大的负面影响，这一结论在其他的许多研究中被证实。

　　最近，水力侵蚀的地区模型和全球模型已经确立，同时全球风蚀模型也正在建立当中。由这些模型所得的结果可以与对特定点位的观察和研究得到的信息进行比较，从而确定全球侵蚀热点地区。很多时候，不同研究之间达成的一致性非常强。这些热点地区应成为土壤控制措施的重点关注地区。此外，通过结构化的实地评估检验模型预测结果的有效性也是非常必要的。

　　当前，土壤侵蚀控制措施有许多成功案例。在许多干旱地区，少耕和免耕法的广泛采用大大减少了风蚀和水蚀。但在较为潮湿的地区，这些方法并不适用。总体来看，通过增加残留物覆盖、种植抗侵蚀草或灌木等减少风蚀的植被覆盖方法的接受程度高于工程结构措施（如梯田）。

土壤侵蚀控制措施的应用是土壤侵蚀管理中最棘手的问题。当前已经确认有两个问题阻碍着土壤侵蚀控制措施的实施：第一，许多侵蚀的影响发生在场外，而场外影响与土地使用者没有直接利益关系，因此土地使用者不会采取控制管理措施将场外侵蚀造成的影响最小化；第二，许多侵蚀控制措施需要很长时间才能产生明显的有益效果，这限制了控制措施的实施，特别是对没有土地所有权的土地使用者而言，很难让这些侵蚀控制措施实施下去。而侵蚀控制措施的成功案例表明这些障碍其实是可以克服的。为了实现这一点，我们需要更好地了解影响土壤使用者采用防控措施的决定性因素，并因地制宜地分析问题。

目 录

1 什么是土壤侵蚀？

尽管经历了数十年的科学研究和社会关注，土壤侵蚀仍然是世界上许多地区共同面临的主要问题。2015年，《世界土壤资源状况报告》[全球土壤合作伙伴关系政府间土壤技术专家组(ITPS)，2015]指出，非洲、亚洲、拉丁美洲、近东和北非地区以及北美洲把土壤侵蚀作为土壤功能的首要威胁。在前四个地区，侵蚀呈持续恶化趋势。而只有欧洲、北美洲和西南太平洋地区，侵蚀趋势有所改善。

据科学网（Web of Science）数据库统计，土壤侵蚀的研究量呈持续增长态势，在过去三年（2016—2018年）发表的有关土壤侵蚀的文献共7 348篇，比20世纪（1931—1999年）的5 698篇还要多（Web of Science，2019）。大量的研究明确了侵蚀过程及其控制的许多关键因素，为进一步的侵蚀研究建立了基础；然而，亦有一些重要的方面仍然存在许多争议，需要进行进一步探索。

本书旨在回顾在土壤侵蚀领域已经被广泛认可的基础信息，同时也就当前尚未达成一致的问题进行讨论。其中一个首要研究目标是弄清为什么经过几十年的研究和项目实施，土壤侵蚀仍然是世界上许多地区土壤功能的主要威胁。Boardman（2006）提到了几个侵蚀科学的关键问题，这些问题关系到今后对于侵蚀的研究。

1.1 侵蚀类型：水力侵蚀、风力侵蚀和耕作侵蚀

不同的研究者对土壤侵蚀的研究有不同的科学角度。在本书中，土壤侵蚀被定义为能够使土壤离开原来位置的各个过程的长期净平衡（Lupia-Palmieri，2004）。虽然土壤侵蚀是自然发生的地貌过程，但人类对土壤的利用通常会导致土壤剥蚀和搬运速率高出自然发生速率许多倍。加速侵蚀或人为侵蚀是本书的重点。

水力侵蚀、风力侵蚀和耕作侵蚀是三种主要的侵蚀类型。这三种侵蚀过程都涉及对土壤不同的剥蚀和搬运作用，因此，需要对不同的侵蚀类型采用不同的方法，来降低侵蚀速率。

在全球的某些地区，这三种类型的侵蚀有可能同时发生，因此确定某一特定地点的侵蚀过程是土壤侵蚀管理中的一个重要问题。本书虽然主要探讨的是这三种侵蚀类型，但其他侵蚀类型也应引起同等重视。Poesen（2018）将土

地平整、土壤采石、农作物收割、爆炸形成的坑和挖掘沟壑列为土地侵蚀的其他侵蚀来源。同时，大规模的土体崩塌（如滑坡、泥石流等）造成的土壤侵蚀对形成特定的土地景观也有重要影响。

水力侵蚀是三种侵蚀类型中研究最广泛的一种，也是对土地造成侵蚀最严重的侵蚀类型。水力侵蚀对土体的剥蚀作用有两种方式：一是雨滴击溅土壤表面，二是地面流水（径流）作用于土壤的力。流水对土壤的分离和搬运，通常首先发生于从地表流过的薄层径流中（面蚀）。地表径流通常会在小水道（细沟侵蚀）或更深的沟壑（沟蚀）中变得更加集中，使得水流的侵蚀力被放大。水力侵蚀中，细沟侵蚀和沟蚀是两种可观察到的最明显的侵蚀行为。在某些情况下，当径流的深度或速度降低时（如当水流遇到植物屏障时），流水中的土壤会在水中沉淀下来，形成沉积物。而在其他情况下，径流同沉积物一起流进河流系统（河流运输），并离开原来的景观位置。

风力侵蚀最初发生于干旱和半干旱地区，如近东和北非地区，是这些区域影响最大的侵蚀类型（FAO和ITPS，2015）。风力侵蚀中，土壤的剥蚀发生在土壤表面，由于风力的作用，被剥蚀的土壤在土壤表面顺风跳跃离开原来的位置（跃移）。土壤颗粒在风流中的搬运过程中，颗粒大小很大程度上决定了其被搬运的距离。在某些情况下，其搬运距离可距离剥蚀点达上千千米。20世纪30年代，风力侵蚀造成北美洲的西部地区损失严重，大量的侵蚀研究由此展开，相关机构开始建立，如1935年建成的美国土壤保持局，加拿大草原农场恢复管理局等。

直到20世纪90年代，耕地侵蚀的重要性才被科学家意识到。迄今为止，其关注度远低于另外两种类型的侵蚀。在耕作侵蚀中，土壤的剥离和搬运过程都是通过铧式犁等耕作工具完成的。耕地侵蚀中的净下坡运动由相应的耕地行为产生，相对于水力和风力侵蚀来说，难以观测其发生状态。耕地侵蚀导致高坡土层变薄，低坡土层则相对变厚。堆积在低坡的土壤则易受水力侵蚀而转移。

1.2 土壤侵蚀速率

Boardman（2006）提到了一个关键问题："土壤侵蚀有多严重？"要回答这一问题，第一步需要弄清侵蚀速率。如果没有相应的侵蚀"可接受的"速度，或者侵蚀"允许的"速度，单一侵蚀速率数值的作用是有限的。侵蚀是一个必然发生的自然地质过程。因此，我们的目标只能是管控人类对土壤侵蚀的影响，保证侵蚀速率处于可接受的范围。

在关注土壤侵蚀的不同学科中，研究人员通常使用不同的单位来描述结果。在土壤学中，土壤净变化通常用质量除以面积再除以时间进行表示，通常情况下的量纲为吨/（公顷·年）。习惯上，土壤净流失被表示为负值，由堆积作用产生的土壤净增长被表示为正值。土壤侵蚀研究中的关键问题在于对土壤侵蚀速率的测量，不同的研究范围采用的测量方法不同。例如，小型实验地块（$10^{-4} \sim 10^2$ 平方米）与河道整坡（$10^4 \sim 10^9$ 平方米）采取的速率测定方法完全不一样。

使用"单位时间单位面积的质量"作为计量单位很难直接表示土壤本身的变化，因此普遍的做法是将其转换为相应的土壤厚度。两种表示方法可以通过土壤容重值进行转化（即一定的土壤体积所含的土壤质量大小，表示为单位体积的质量，单位有克/立方厘米或千克/立方米）。在Montgomery（2007）的研究中，其采用了1 200千克/立方米的标准容重。按照这一标准容重，每年每公顷土地流失1吨土壤，相当于土壤层下降0.08毫米。

表1　全球和区域土壤侵蚀研究中平均土壤下降深度和平均净土壤流失量概览

土地利用类型	地区	方法	土壤下降深度（毫米／年）	净土壤流失量[吨／（公顷·年）]	参考文献
传统农业	全球	实地测量资料汇编	3.9	49[b]	Montgomery, 2007
保护性农业	全球		0.12	1.6[b]	
本土植被	全球		0.05	0.66[b]	
地质	全球		0.17	2.2[b]	
农田	全球	实地测量资料汇编	1.0 ~ 1.2[a]	12 ~ 15	Den Biggelaar 等, 2003
农田	西欧地区	实地测量与建模	0.29[a]	3.6	Cerdan 等, 2010
所有易受侵蚀地区	西欧地区	模拟	0.18[a]	2.2	Panagos 等, 2015
耕地			0.21[a]	2.7	
农田	全球	实地测量	0.60	7.5[b]	Wilkinson 和 McElroy, 2007
所有土地类型	全球	模拟	0.22[a]	2.8	Borrelli 等, 2018
农田	全球		1.0[a]	13.0	
森林	全球		0.01[a]	0.16	

（续）

土地利用 类型	地区	方法	土壤下降深度 （毫米／年）	净土壤流失量 [吨／（公顷·年）]	参考文献
农田	欧洲	模拟	0.31[a]	3.9	Van Oost，Cerdan 和 Quine，2009
农田	英国7个地 点平均值	基于实地测量 的估测	0.01[a]	0.15	Evans，2013
耕作					
农田	欧洲	模型	0.26	3.3	Van Oost，Cerdan 和 Quine，2009
耕作侵蚀与水力侵蚀的共同影响					
农田	全球	模型	0.84	11.0	Doetterl，Van Oost 和 Six，2012
风力					
干旱地区 农业	澳大利亚	模型	0.02[a]	0.193	Chappell 等，2013
灌溉农业	澳大利亚		0.01[a]	0.167	
牧场	澳大利亚		0.03[a]	0.359	

注：a.土壤下降速率是由土壤净流失量按土壤容重值1 200千克/立方米计算而得（Montgomery，2007）；
　　b.土壤净流失速率由土壤下降速率按土壤容重值1 200千克/立方米计算而得（Montgomery，2007）。

由表1可以看出，不同文献所估算出来的侵蚀值波动范围很大，由于生成估测值所使用的方法不用，得到部分估测值不同。下面将对此进行更详细的讨论。此外，全球现在仍然没有达成一致的数值来回答"土壤侵蚀有多严重"这一问题，对于该问题，当前只能用一个粗略的范围进行描述。Montgomery（2007）的研究得到的均值为每年3.9毫米，中值为每年1.5毫米，与Den Biggelaar等（2003）根据田间实测的估计值大致相近，但明显高于其他研究中的报道。在其他研究中，所估计的范围大多数为每年0.2～0.6毫米。

1.3 容许土壤流失量

为了评估侵蚀的严重性，我们必须在可接受和不可接受的侵蚀水平之间建立一个阈值，这是土壤可持续管理中的重要内容（FAO，2017）。根据《世界土壤宪章》修订版（FAO，2015）所述，可持续土壤管理的前提是保持或增强土壤提供的生态系统服务，并且不显著损害土壤提供这些服务的功能或生物多样性。因此，可接受或可容忍的土壤侵蚀水平是指能够维持生态系统服务（如提供食物和纤维），并且不降低土壤在未来提供这些服务的能力的侵蚀水平。

描述容许土壤流失量（T_{sl}）的一个较为合理的方法是将其与"表土层"的厚度联系起来，因为"表土层"可能是大多数人最容易理解的土壤学术语。但是，"表土层"并不是一个严谨的科学概念。在土壤层分类中，矿质土壤的最上层通常用大写字母A表示，这最符合人们对表土的普遍理解。在农业土壤中，相关的耕作在A层进行，出于分类考虑，通常在A的基础上加上小写字母p来表示，即Ap。但是，在侵蚀发生时，表层土壤深度被降低，同时深层土壤（如E、B或最低的C层）被混入表层。由于人们对于A层的定义是其必须要比耕作深度厚，因此虽然侵蚀移走了表层的土壤，但A层的厚度并不随时间改变（图1）。因此，最能体现表层的Ap层有可能是有机质含量丰富、肥沃的土层，也有可能是侵蚀后残余的贫瘠的土层。由于这一不确定性，其很少用于设定容许土壤流失量。

容许土壤流失量（T_{sl}）的值有两种表示方法：①能够维持某一地点土壤量（质量或体积）动态平衡的数值；②保持土壤生物量生产功能的值（Verheijen等，2009；Di Stefano和Ferro，2016；Duan等，2016）。第一种方法通过比较土壤流失速率与固体地质成分生成新土壤的速率来确定T_{sl}的值。Montgomery（2007）在土壤生成速率上做了广泛回顾，其在发表的188篇论文中得出土壤生成速率的平均值为每年0.173毫米（每年每公顷2.2吨）。这个平均速率只占了所得到的土壤下降平均速度（每年3.9毫米）的一小部分。Verheijen等（2009）用欧洲土壤生成数据计算出欧洲容许土壤流失量为每公顷每年0.3 ~ 1.4吨（每年0.02 ~ 0.11毫米）。在对澳大利亚的研究中，Bui、Hancock和Wilkinson（2011）通过土壤生成速率所计算的容许土壤流失量为每公顷每年0.2吨（约每年0.015毫米）。

采用土壤生成速率来计算容许土壤流失量可能存在争议，因为在土壤/基岩界面土壤的生成速率与黄土、湖泊、冰川沉积物等松散母质层厚地幔里土壤生成的相关度不大。Wilkinson和Humphreys（2005）认为，土壤中的生物体可以通过生物扰动作用快速形成土层（特别是有机物丰富的表层），这比土壤/基岩界面土壤生成的绝对速率要快很多。因此，通过土壤生成速率来确定容许土壤流失量更适合岩石上覆盖薄层土壤的地区。

第二种计算容许土壤流失量的方法在土壤侵蚀研究历史上存在已久，即表示需维持生物量生产的速率。对此，被广泛接受的是由美国农业部提出的定义，即容许土壤流失量表示允许作物高产、经济的、无限期的持续下去的土壤侵蚀最大限度（Wischmeier和Smith，1978）。美国农业部确定的容许土壤流失量为每公顷每年4.5～11.2吨。此后，欧洲环境署也进行了相关研究，其所设定的容许土壤流失量为浅层沙质土壤每公顷每年1吨，发育良好的深层土壤为每公顷每年5吨。在澳大利亚，Bui、Hancock和Wilkinson（2011）计算所得的容许土壤流失量为每公顷每年0.85吨（0.065毫米/年），基于此，可在两百年时间范围内维持农作物最高产量的75%。

当前，确定容许土壤流失量的主要方法中并没有考虑土壤侵蚀对空气和水资源数量和质量的影响，但联合国粮农组织所定义的土壤可持续管理对此提出了明确要求。明确土壤侵蚀和土壤流动到其他地方所产生影响之间的联系仍较为困难（Duan等，2016），但这对于评估土壤侵蚀的全面影响来说是必要的。为此，Verheijen等（2009）建议扩大定义范围，以包括土壤提供的其他功能，之后Bui、Hancock和Wilkinson（2011）讨论了在考虑水质维持时的容许土壤流失量。根据《世界土壤宪章》修订版（FAO，2015）中可持续土壤管理的定义，Verheijen等（2009）所提出的容许土壤流失量可以扩展如下：

容许土壤流失量是指所有侵蚀类型共同作用下的累计平均土壤侵蚀速率，该速率能保证土壤所提供的功能及生态系统服务不发生显著的恶化。

1.4 土壤侵蚀、土壤功能及土壤生态系统服务功能

更为全面地评估侵蚀严重程度，涉及土壤侵蚀的现场和场外的影响，包括这些影响的经济成本（Boardman，2006）。与此同时，确定尚未充分计算的成本与无法确定经济价值的影响同样重要。生物多样性和生态系统服务政府间的科学政策平台最近倡导建立一个基于自然科学和经济学的更广泛的评估框架，从多角度评估自然对人类的贡献。他们认为，采用这一方法更容易与当地从业者和当地居民进行合作（Diaz等，2018）。土壤的许多功能都会受到土壤侵蚀的影响（表2）。

表2 土壤侵蚀对土壤提供的生态系统服务的影响

生态系统服务	土壤功能	侵蚀影响
支持服务功能：支持生态系统其他服务功能发挥，对于人类的影响是间接的，需通过长时间才能显露出来		
初级生产	作为种子萌发和根部生长的介质，提供给植物营养物质和水分	减少适于根系生长的区域，降低根系对土壤水分和营养的吸收
营养物质循环	在带电表面上保留和释放营养物质	表面土层的带电有机物质流失
调控服务功能：从调控生态系统过程中获得的利益		
水质量调控机制	截留、过滤和缓冲土壤水分中的物质	转移沉积物和沉积物中含有的污染物到水体中

生态系统服务	土壤功能	侵蚀影响
水供应调控机制	调节土壤水分渗入及土壤中的水流	降低土壤渗透能力并且土壤持水能力下降
空气质量调控机制	调节大气颗粒物含量	转移微小颗粒物到大气中
侵蚀调控机制	保留地表土壤	
气候调控机制	调节 CO_2、N_2O 和 CH_4 的排放	使得土壤有机碳发生横向迁移，并有可能导致 CO_2 排放增加
供应服务：生态系统中与人类有直接利益的产品（或商品）		
食物、纤维和燃料的供应	为人类和动物需求的植物的生长提供水、养分和物理支撑	水分和营养物质供应下降，适合根部生长的介质深度降低

　　土壤提供的这些服务功能与联合国制定的可持续发展目标密切相关（Weigeit 等，2015）。其相关性与可持续发展目标中的目标15最为紧密，即阻止生物多样性的丧失和土壤退化，努力实现土壤退化零增长。与此同时，土壤所提供的食物生产和水净化等功能也与许多其他可持续发展目标相吻合（Weigeit 等，2015）。例如，土壤侵蚀防控可以很好地推动可持续发展目标2的实现，即消除饥饿、实现粮食安全、改善营养不良情况以及促进农业可持续发展。在可持续发展目标2的2.4.1章节中所提到的一个重要指标就是"高效和可持续农业中农业用地百分比"，根据定义，如果发生了不可接受的土壤侵蚀速率，土地利用是不可持续的。

1.4.1　土壤侵蚀对土壤生产力和农作物产量的影响

　　土壤侵蚀可从三方面影响作物生长和作物产量：一是其可移走肥沃的表面土层，二是其将密度较大的下层土壤混入表层，三则可能减少土壤的根层（Van Oost 和 Bakker，2012）。

　　三种类型的侵蚀都可能导致表层土壤物质逐渐流失（图1）。在多数土壤中，表层土壤（A层）的土壤有机质含量高于下层土壤。众多研究表明，土壤有机质是作物生长的重要养分来源，同时也是一种促进稳定的土壤团聚体形成的十分有益的物质，其通过增加团聚体可有效地提高土壤孔隙度。由丰富的土壤有机质所形成的高土壤孔隙度，既有利于根部在土体中的延伸，又有利于土壤中水分的流动。

　　每一次土壤侵蚀的发生都会减少优质土层，在下一次耕作发生时，土壤耕作层下面的土壤物质将会被等量地补充到土壤耕作层。如果新补充层的有机

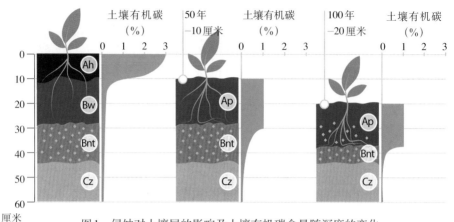

图1　侵蚀对土壤层的影响及土壤有机碳含量随深度的变化

注：Ah层表示未被扰动的富有机质层；Ap层表示耕作层；Bnt层由于黏粒和钠含量高，因此植物生长受限；Cz层可溶性盐含量高。侵蚀速率为每年0.2毫米。

质含量较低，则表层的有机质含量会逐渐稀释，相应的有机质所产生的效益也会减少（图1）。而在一些土层中，土壤表层A层下的土层富含黏粒，黏土物质补充结合到表层后就会产生更致密的、团块状的土层，所形成的苗床不利于作物的萌发。表层物质的损失导致土壤养分供应能力和养分保持能力降低；后一种效应在沙质土壤中表现最为明显。养分供应能力的丧失可以通过增加化肥的使用来弥补，但显然增加化肥的使用会增加经济成本以及环境成本，比如农药对地表水的污染。

　　侵蚀对土壤根层的影响在产生了生长受限下层的土壤中表现最为严重（表3）。随着侵蚀去除土壤表层，表层和生长受限土层之间的土壤厚度减少（图1），这会限制作物的根部发育。一旦耕作层降至生长受限层，生长受限层就会结合到耕作层中，作物产量将会显著降低（Larson和Pierce，1994；Pennock，1997）。与肥料替代养分的情况不同，下层土掺入对产量的影响以人类的时间尺度来说基本上是不可逆的。

表3　极易受土壤侵蚀造成表层土壤流失的土层和土壤等级

土层	特点和制约	与土层相关的土纲
表面深度30厘米内的岩石或岩质层	根部生长受限或导致不生根；不可逆转的土壤流失	薄层土
盐积层	盐度含量高	盐土
脆磐层或硅胶结层	土层含铁、铝或二氧化硅	灰化土、淋溶土、极育土
碱化层	含钠浓度高，呈致密结构	碱土
聚铁网纹层	铁和氧化铝含量高，干燥后变硬，阻止根部延伸	铁铝土

土层	特点和制约	与土层相关的土纲
黏化层	相对于上层土壤，该层的黏粒含量增加，根部延伸阻力增加	高活性淋溶土、黏绨土、低活性强酸土
铁铝层	酸性条件下三价铝含量高	铁铝土
灰化淀积层	酸性条件下三价铝或金属浓度含量高	灰土

资料来源：改编自Larson和Pierce，1994；Pennock，1997。

土壤侵蚀对土壤生产力最为重要的影响体现在农作物（包括食物、纤维、燃料）的产量上。20世纪下半叶，人们开展了土壤侵蚀对农作物产量影响的详细研究，并发表了一些较为全面的总结性文献。《世界土壤资源状况报告》中引用了4份2000年后的系统评价（Den Biggelaar等，2003；Bakker，Govers和Rounsevell，2004；Scherr，2003；Crosson，2003）。据估算，由土壤侵蚀导致的每年农作物损失量占0.1%～0.4%，同时，2项研究表明作物年产量因此下降了0.3%。此后，在对西欧地区的研究中，基于包括上述三项研究在内的16项研究分析，运用修正通用土壤流失方程模型进行估算，遭受严重侵蚀的农业用地每年的产量减少约0.4%（Panagos等，2016）。

1.4.2 侵蚀导致减产对经济和社会的影响

确定由侵蚀带来作物减产所引起的经济损失相对复杂。在最近的研究中主要采用了四种方法来进行经济损失估算。第一种方法是生产函数法，该方法的第一步是确定侵蚀导致的农作物减产量，第二步需要计算损失产量的经济价值，通常是作物产量乘以其作为商品时的市场单价。第二种方法是重置成本法，即计算补偿侵蚀造成的营养物质损失所需的肥料价值。虽然重置成本法相对容易使用，但Adhikari和Nadella（2011）认为，它不如生产函数法可靠，因为肥料只能代表侵蚀对作物生产力的部分影响。例如，与侵蚀相关的物理性退化不在重置成本法考虑范围。第三种方法是成本收益分析法，通常用于评估保护措施的经济效益，如梯田或缓冲带。最后，一些作者将购买土壤的成本作为分析侵蚀成本的依据。

最近，Panagos等（2018）在一个成本分析例子中，将生产函数作为输入量代入宏观经济模型，评估欧盟农业由土壤侵蚀造成的经济损失。按照遭受严重侵蚀的约1 200万公顷农业用地0.4%的年生产力损失进行计算，以2010年作为参考的年损失为12.5亿欧元。欧盟农业损失的实际成本仅为3亿欧元（降低了0.12%），国内生产总值损失为1.55亿欧元。在该案例中，农业的实际经济损失少于土壤生产力降低所带来的经济损失，这是由于：①更多的劳动力和资本投入弥补了生产力的损失；②产品国际竞争力的提升弥补了部分土壤生产力降低所带来的经济损失。该文章中说明了模拟侵蚀对农业经济的影响是一个非常复杂的过程，相关的结果应该被谨慎使用。

最近，联合国粮农组织、联合国开发计划署和联合国环境规划署对马拉维土壤流失及经济效应进行了综合评估。在该项评估中，Vargas和Omuto（2016）采用了南非土壤流失评估模型（Soil Loss Estimation Model for South Africa，SLEMSA）。该模型最初是针对津巴布韦的面蚀和细沟侵蚀而开发，其通过使用三个输入因子的子模型（作物种植比率、裸土土壤流失和地形）来计算年土壤流失速率。该模型使用的数据包括气候数据、数字高程模型、地形图和土地覆盖类型遥感图。该项目包括土壤流失野外验证部分，在该部分中包括了对当地工作人员进行实地评估的培训。

南非土壤流失计算模型得出的结果表明马拉维大部分地区的年均土壤流失速率较低（每公顷每年0.9～10吨）。中部地区的九个行政区年均土壤流失速率为每公顷每年0.9～6.4吨。北部地区一些区域（与大裂谷断壁相关）的年均土壤流失速率为每公顷每年11.2～19.8吨。南部也有分散的高海拔地区年增长率大于每公顷每年10吨。通常情况下，土壤流失速率高的地区浅层土壤结构不稳定、陡坡、侵蚀性降雨量高、植被覆盖稀疏（图2）。

图2 Lemuta Naisikie Lazier 站在一条沟壑里，沟壑将肯尼亚的蓝迪村一分为二。其他社区领导人站在深沟上方坍塌的桥梁遗迹旁

关于马拉维土壤和营养物质损失的一项研究（Asfaw等，2018），采用一般均衡模型评估了土壤损失的直接成本（计算作物产量的下降以及氮、磷和钾的损失）和市场主体（如企业、农民和政府）对直接损失的反应情况。根据直接成本模型估测的结果得出，土壤流失量每增加10%导致的货币损失约占马拉维国内生产总值的0.26%，占农业总产值的0.42%；土壤流失量每增加50%导致的损失约占国内生产总值的1.28%，占农业总产值的2.1%。在将市场主体的反应纳入一般均衡模型时，估测的国内生产总值损失将减少0.10%～0.55%。需要格外注意的是，该模型预测土壤生产力的下降对于不同人群的影响是不一样的，土壤生产力下降对收入分配最少的贫困人群及以女性为主的家庭产生的负面影响最大。分析考虑各种保护措施的效果，最终发现横坡种植香根草（*Chrysopogon zizanioides*）能有效提高生产力水平（图3）。总体上，马拉维开展的研究为评估土壤流失及其对经济和社会的影响的综合建模方案提供了一个很好的例子。

图3　用石头和生长的植物进行沉积物收集（马拉维，代扎县）

　　以上基于综合研究和模型研究的结果与特定点位研究所得的结果往往完全不同。例如，Stocking（2013）在Stocking和Tengberg（1999）早期研究的基础上，模拟了土壤侵蚀对热带农业生产力的影响，其所选的研究地点来自联合国粮农组织资助的侵蚀—生产力研究协作网。该协作网采用标准化的设计，在非洲和北美洲选取了多个研究地点，每个研究地点有约50平方米的土壤流失和径流小区。作者使用具有强有力证据的负指数曲线表示侵蚀发生过程。如表4所示，很明显地看出这些实验点的侵蚀损失速率一般远高于上文中全球和地区的平均速率。为了评估土壤侵蚀对粮食安全的影响，作者假定满足2个成年人和6个孩子的家庭需要1 000千克粮食，并假定所有模拟的初始值为每年

4 000千克粮食。考虑到所研究土壤的几种内在限制因素，Stocking（2003）所得到的结论相比前文讨论的侵蚀对粮食安全的影响更为悲观。

表4 部分年侵蚀速率及由侵蚀导致产量下降达到每年每户1 000千克粮食的安全阈值所需时间

土壤和坡度	年土壤流失速率 [吨／（公顷·年）]		达到每户粮食安全阈值时间 （年）	
	中等植被覆盖	低等植被覆盖	中等植被覆盖	低等植被覆盖
腐殖质强风化黏磐土坡度27%～34%	20	86	19	4
暗红色铁铝土坡度16%	94	187	2	1
典型强淋溶土坡度13%	157	200	3	1
饱和始成土坡度24%	5	9	42	23
淋溶黑土坡度1%～2%	0.6	5	65	7

资料来源：Stocking，2003；Stocking 和 Tengberg，1999。

1.4.3 土壤有机碳及其对温室气体的调控

土壤侵蚀对土壤中有机碳储量影响很大。每发生一次侵蚀，都会去除一部分表层土壤，而在很多土壤中土壤表层的土壤有机质（含土壤有机碳）含量往往比下层土壤含量高。并且水力侵蚀和风力侵蚀的搬运作用往往使得沉积物中的碳含量要高于其原来土壤，这是由于土壤有机质本身和黏土、粉沙颗粒（与粗糙的沙质颗粒相比通常具有更高的碳含量）会在水蚀和风蚀中优先被搬运。

碳转化过程在温室气体排放和人为导致的气候变化中具有重要作用，因此在过去十年里，土壤侵蚀在碳循环中的作用得到了广泛关注。土壤侵蚀究竟导致向大气排放的碳量增加（碳源）还是土壤中碳固持量的增加（碳汇），仍是研究中存在的重要争议。

如图4所示，土壤有机碳储量的变化是一系列与土壤侵蚀相关过程相互作用的最终结果（Doetterl等，2016）。在平坦山顶、高原以及其他平坦地貌景观中，土壤有机碳储量一般由碳输入量和碳输出量二者之间的平衡决定。其中碳输入量，最初来源于植物光合作用，主要通过植物根系和土壤有机体进行碳输入，而碳输出的主要来源是土壤有机体对有机物质矿化作用所产生的CO_2。

水力侵蚀和耕地侵蚀通过横向搬运包括土壤有机碳在内的表层土壤物质打破了这一平衡状态。这种横向搬运导致了侵蚀地的土壤有机碳流失，但也有人认为，侵蚀也可以通过持续去除一部分有机碳，然后通过植物光合作用再次

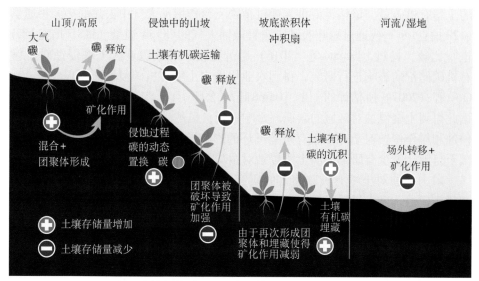

图4　土壤侵蚀对景观尺度土壤有机碳储量影响示意

补充新的有机碳来最终增加有机碳的储量（即动态置换；Harden等，1999）。可能由于雨滴击溅和水流搬运破坏团聚体，使得不稳定的新鲜有机碳暴露出来，而导致矿化速率的增加。总的来看，这些过程的综合作用结果使得被侵蚀地点的土壤有机碳产生净损失。

　　在坡度减小的地方，一小部分被侵蚀土壤发生沉积（图4），在估算有机碳对全球碳循环贡献时，这部分沉积碳的去向通常难以被量化，增加了估算的不确定性（Doetterl等，2016）。一般来说，沉积层的CO_2释放速度比表层土壤的要慢。深层土壤（包括沉积层）矿化速率的减弱使得土壤有机碳被埋藏，这增加了剖面土壤有机碳的存储。与此同时，沉积有机碳和沉积矿物再次形成团聚体，进而进一步保护土壤有机碳，减少其矿化。因此，尽管在这些湿润、地势较低的坡上CO_2的释放量很大，土壤有机碳储量通常仍呈现出增长状态。

　　耕作侵蚀和水力侵蚀的不同之处在于，耕作侵蚀的土壤将完全沉积在较低的斜坡位置，而水力侵蚀则使得被侵蚀的土壤一部分被搬运到场外的湿地或直接进入河道中。被搬运到场外的碳的去向十分复杂，这无疑进一步加大了土壤侵蚀对碳循环过程中的净效应这一问题的复杂程度。

　　关于水力侵蚀与耕作侵蚀对全球碳循环过程中的净效应，目前尚未有被广泛接受的评估结论。Van Oost等（2007）的研究被广泛引用，该项研究的结论是侵蚀产生了大约0.12拍克（petagram）/年的碳汇（其范围为0.06～0.27），这个值远低于当时其他的研究估计值。他们认为该估计值反映了两方面：一方面高估了全球侵蚀速率；另一方面高估了在侵蚀斜坡位置通过动态置换被置换的土壤有机碳量。该估计值可与通过植物光合作用从大气中去除的CO_2年通量（128拍克/年）或通过总呼吸和火灾释放回大气的CO_2年通量（118.7拍克/年）进行比较。最近，Lugato等（2016）通过建模，对欧盟地区土壤侵蚀对土壤有机碳储量的影响进行研究，得到农业用地中土壤有机碳侵蚀速率仅仅是 Van Oost等（2007）所估计的一半 [0.068吨/（公顷·年）与0.16吨/（公顷·年）]，据此得到土壤侵蚀对区域的碳循环影响更低。虽然学术界仍在持续呼吁就水力侵蚀和耕作侵蚀对全球土壤有机碳循环的影响做进一步研究（Lal，2019），但截至目前，很少有研究表明土壤侵蚀对全球土壤有机碳起重要影响。

风力侵蚀对土壤有机碳储量的研究不多，部分原因是由于相比水力侵蚀和耕作侵蚀，风力侵蚀只局限于比较小的土地面积。在最近一项全球尺度的模拟研究中，Chappell等（2019）利用模拟研究将在澳大利亚进行的田间尺度研究扩大到了全球范围。与水蚀一样，风蚀优先去除有机质和较细的土壤成分，在当地沉积的土壤大部分为沙粒大小的物质，其有机碳含量远远低于源土壤。在Chappell等（2019）的全球分析研究中，得到2011—2016年，许多地区平均风力侵蚀速率在每公顷每年1.0 ～ 7.0吨，从而得到平均土壤有机碳的侵蚀速率在每公顷每年0.1 ～ 0.4吨。该项研究的作者指出，这种规模的损失使得通过改善管理措施来增加土壤有机碳储量变得更为复杂和困难。

1.4.4　土壤侵蚀和沉积作用

人为引起的水力侵蚀在增加河道中沉积物含量的同时，也会增加沿河道水库中的沉积作用。沉积物数量的增加和沉积作用的加强会产生多重影响（Owens等，2005）（图5）。沉积作用发生在湖泊和水库将会缩短其使用寿命，并影响其运行效率和成本；发生在港口和江河口则会增加因疏浚所需的相关成本。沉积作用和水质变混会影响鲑科鱼类产卵所在的沙砾层，并对平原等栖息地和与之相关联的土地利用构成影响。

据Palmieri等（2003）估计，全球大型水坝的蓄水能力为7 000立方千米，每年因沉积造成的蓄水损失

图5　侵蚀事件后的小河道里侵蚀土壤的沉积作用（马拉维，姆万扎）

率为0.5%～1.0%。以2003年的美元汇率计算，大约相当于130亿美元的重置成本。在这项研究中，由人为引发土壤侵蚀所带来的损失占总损失的百分比并没有被估计。

总体来说，有三种管理方法可以解决水库中的沉积问题：推算水库内部和水库周围的沉积路径；清除水库中的沉积物以恢复水库功能；最大限度地减少由上游产生到水库中的沉积物（Kondolf等，2014）。最后一种方法显然涉及径流范围的侵蚀控制，但存在因水库中细小沉积物的截留而导致下游沉积物不足的问题。例如，Zhou、Zhang和Lu等（2013）估计，三峡大坝的建设减少了长江中游地区每年91%的悬沙量、77%的总磷和83%的颗粒态磷。这种减少可能会降低河流、河漫滩和曾遭受过洪水的沿海农业区的初级生产力。

1.4.5　水道中的农业化学污染物

土壤侵蚀也有可能导致水道被营养物质和其他的农业化学品（如农药）所污染。这类污染会使得水道出现富营养化，对水生生物构成影响，与此同时，也有可能对生物体产生直接毒害作用（Owens，2005）。

农业化学品可以以溶液和颗粒的形态进入地表水流，水力侵蚀通常是颗粒形态的产生原因。Harmel等（2006）研究了美国15个州和加拿大2个省内流域的营养物污染负荷中氮和磷的组分。其研究发现，颗粒状氮磷损失在营养物污染负荷的平均占比比可溶性氮磷高3倍，由此可见，土壤侵蚀和搬运作用对氮磷污染负荷的形成起主导作用。磷是富营养化的重点关注对象。磷基本上呈固态，随着受侵蚀的土壤和粪肥被搬运。

人类的生存和发展需要的安全运行空间被定义为环境安全界限，而氮的流失，尤其是磷的流失被认为严重加大了人类面临的最严重的资源问题（Steffen等，2015）。Steffen等（2015）认为氮和磷的生物化学流动处在超过环境安全界限的高风险区。此研究为磷的流动量设定了两个阈值，一个阈值为防止海洋大规模缺氧发生，另一个阈值为防止因营养物质供应过剩而产生淡水富营养化。Steffen等和其他研究者（Cordell等，2009）指出，区域流域中磷的增加几乎完全来自于肥料，在侵蚀过程中，磷从耕地向淡水和海洋的转移是磷过量的主要原因。

1.4.6　风力侵蚀、荒漠化及人类健康

与水力侵蚀、耕地侵蚀一样，风力侵蚀也会造成土壤生产力以及土壤有机碳存储量的下降。此外，风蚀与干旱、半干旱和半湿润干旱地区的荒漠化和土壤退化有关，其可能由各种因素造成，包括气候变化和人类活动（D'Odorico等，2010）。风蚀还致使人类吸入粉尘而引发健康问题（图6）。

图6　少量甚至无植被覆盖的风蚀景观（伊朗）

　　人为引发的风力侵蚀是造成土壤退化进而逐步产生荒漠化的主要原因（D'Odorico等，2010）。和水力侵蚀一样，风力侵蚀是自然发生的，但风力侵蚀会因人为因素影响而加快。

　　根据Ginoux等（2012）的分析，全球75%的粉尘排放来源于自然，25%来源于人类影响。人为侵蚀在不同地区造成的影响有很大差别。虽然北非占全球粉尘排放的55%，但其中只有8%是人为造成的，而在澳大利亚，75%的粉尘排放是人为造成的。一般而言，人为引起的排放量都与农业活动有关，尤其是过度放牧。

　　沙尘暴会致使人们吸入细颗粒物而对人类健康造成直接影响。人类健康评估使用直径小于10.0微米和小于2.5微米的粉尘作为风险指标。Goudie（2014）提供的数据显示，全球许多城市都超过了粉尘的安全标准，包括中国的北京和上海、澳大利亚的悉尼和布里斯班、美国的斯波坎以及伊朗的阿瓦士和萨南达季。尽管由粉尘直接造成的健康问题难以统计，Goudie（2014）引用的几项南欧的研究表明在源于北非的几次重大沙尘事件期间，由呼吸问题导致的住院人数和死亡率均有增加。

　　沙尘暴使能见度降低，由此对道路和航空运输造成影响。与此同时，沙尘的沉积也会影响太阳能电池板的功率，降低了太阳能板的光伏性能（Sayyah等，2014）。大型太阳能板阵列通常位于干旱环境中（因为没有云层覆盖），但这些区域同时也是起沙最频繁的地区。

1.4.7 侵蚀所造成的经济范畴之外的影响

侵蚀对经济范畴之外的潜在影响最难评估，因为对于这些影响通常很难被赋予经济价值。自然对人类贡献的概念（Diaz等，2018）包含了健康的景观所提供给人类身体和心理方面的体验，以及它们通过宗教、精神和社会凝聚力所提供的信仰支撑方面的作用。这些作用对于许多与家乡保持着更紧密联系的本土群体尤为重要。土壤侵蚀造成了许多地貌景观肉眼可见的退化，如下层土壤暴露、细沟和沟壑的产生和沙尘暴等。这对一个群体的社会价值、精神价值和文化价值造成的深远影响已经远远超过了经济范畴（图7）。

图7 冲沟侵蚀影响下的村庄（马拉维，利隆圭）

2 侵蚀过程

与上述三种侵蚀类型相关的侵蚀过程已非常明确。通过干预相关的过程来降低侵蚀速率是土壤侵蚀管理的重要内容，因此对这些侵蚀过程进行回顾非常重要。

2.1 水力侵蚀过程

由水力造成的土壤侵蚀主要包括三个过程：①对土体中土壤以颗粒或团粒形式剥蚀；②被剥蚀物质的运动；③沉积。这些过程又通常被划分为非通道化的击溅或沟间侵蚀、通道化的细沟侵蚀和冲沟侵蚀。虽然通过管道的地下侵蚀和通过浅层质量运动的侵蚀也会造成水侵蚀，但本节的重点将放在扩散和线性侵蚀过程上。

水力侵蚀作用是由降雨引发的。湿润的土壤表面最先使得土壤分散，使土壤颗粒从土体中释放出来。在当水分渗入到团聚体中时，会导致团聚体内部空气的压缩，有可能会引起团聚体的崩解。

雨滴击溅是造成大部分土壤被分离出土体的重要原因。土壤剥离量（千克/平方米）是雨滴撞击动能（千焦/平方米）、分离过程所需临界能量与土壤可分离性（千克/千焦）的作用结果。Torri 和 Borselli（2012）的研究得到土壤剥离量有两个峰值：一个是黏粒含量较高（>40%）时；另一个是在黏粒含量较低时（与粉沙级颗粒有关）。通常情况下，在颗粒大小增加，直至沙粒时，土壤的可分离性降低。雨滴击溅分解出的土粒会堵塞土壤表面的孔隙，进而使地表径流量增加，同时使土壤表面变得光滑，从而加快径流速度。

当水分超过土壤的渗透能力时，水开始汇集在土壤表面形成径流。径流既能破坏土壤，又能以面蚀和沟间侵蚀的形式对剥蚀的土壤颗粒和团粒进行搬运。当前，有很多种方法可以用来表示流水的侵蚀力，水深（米）及其流速（米/秒）是决定单位流量（平方米/秒）的关键因素。土壤对水流具有阻力，水流阻力大小取决于表层土壤因子，如颗粒大小、土块大小、岩石碎片含量、土壤表面粗糙度和植被。当水流动力超过水流阻力时，土壤会发生剥蚀和搬运作用。

土壤表面粗糙度和坡度情况的微小差异会导致水流特性在空间上的变化，这会使得水流变得集中，在细沟形成过程中产生对表层土壤的局部切口。在耕作景观中，细沟通常沿着耕作行或车辙方向，而下坡和横坡的空间分布通常决定了水流方向（图8）。细沟通常从较为松散的A层切入，一直延伸到较为致密的下层土壤，并在致密的下层土表面横向变宽。这种切入和加宽的过程致使有机质含量丰富的A层土壤流失严重。

图8　沿着耕作线的细沟（加拿大，萨斯喀彻温省南部）

在下一次耕作时，面蚀和细沟侵蚀对土壤表面的作用就会消失。耕作机具会拖拽土壤填满细沟。这种通过耕作将"新"土壤输送到可能形成侵蚀细沟的斜坡位置是水力与耕作侵蚀过程相互作用的例证。

当有充足的水分汇集并切入到更深层的土壤和下层沉积物时，沟壑就会形成（图9、图10）。沟壑，一个非常实用的定义是其不能通过正常的耕

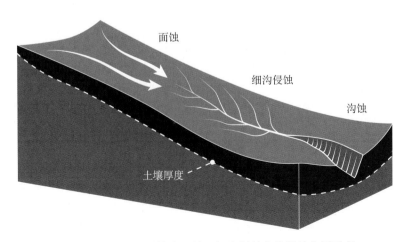

图9　简易的山坡系统中面蚀、细沟侵蚀和沟蚀的位置示意

作措施被填充。其他研究使用0.3米的深度作为细沟和沟壑之间的临界阈值（Castillo和Gomez，2016）。干旱地区极容易形成沟壑，因为旱地植被稀疏，与此同时其降雨发生次数虽然少、时间短，但强度高（Sidle等，2018）。与细沟不同的是，管道泄漏所造成的沿孔隙和裂缝的地下侵蚀以及建筑体侧壁坍塌等土体运动也可形成沟壑。随着沟壑的加深，块体坡移过程取代了地表流动过程（Sidle等，2018）。

© 粮农组织/Ronald Vargas

图10　在斜坡下部形成的细沟和在斜坡底部形成的沟壑（玻利维亚）

对于给定地点，用于描述沟壑发生最常用的方程是斜坡-面积幂函数，其被用来描述临界坡度和排水面积。对于沟壑发生的临界面积通常取决于土壤、气候、植被覆盖和岩石特性等因素，这些因素决定了沟壑形成的阻力。

当水力条件发生变化，水流不能再输送所含的泥沙时，就会发生侵蚀土壤的沉积。通常情况下，沉积一般发生在径流深度或速度减小的地方。这种情况发生在斜坡的底部（坡度的减小使水流速度降低）或水不再被限制在狭窄的沟道中时（例如斜坡的尽头是水平面的地方）（图11）。在农田里，沉积带通常呈扇形特征，跨度从几十厘米到几十千米不等。这些特点通常使得生长的作物被沉积物掩埋，导致当年的产量下降。其他情况则是侵蚀土壤未发生沉积之前就被搬运，经过进一步侵蚀后流进河道（图12）。

在剥离和运输过程中，土壤团聚体会经常遭到破坏，这样就使得土壤以独立的颗粒形式被搬运。在土壤沉积过程中，石砾和较粗糙的沙粒首先发生沉积，然后是更细的沙粒、粉粒，最后是黏粒（图13）。通常情况下，较细的粉质和砂质颗粒会一直随着水流运输，直到进入更大的河流网络。细小颗粒侵蚀的沉积可能发生在河流冲积平原，也可能发生在湖泊或海洋中。

图11 当坡度减小且不再被限制在狭窄沟道中时所形成的沉积扇（加拿大，萨斯喀彻温省南部）

图12 侵蚀土壤在田地旁的排水沟中沉积（加拿大，萨斯喀彻温省南部）

图13 沉积扇上土壤颗粒的分离（西班牙北部）

2.2 风力侵蚀过程

当风吹过陆地表面时，在靠近土壤表面的地方会出现一个湍流区并延伸到底层大气中（Fryrear，2012）。湍流区有利于风将动能传递到土壤表面，并对土壤表面施加拖曳力和切应力。当土壤表面风速超过移动最不稳定的土壤颗粒所需的最小临界速度时，土壤开始发生剥离（也称风蚀）。Chappell等（2019）以 Shao、Raupach 和 Leys（1996）所得的临界速度建立全球风力侵蚀模型。他们在澳大利亚进行的风洞实验中发现，在没有覆盖的沙土上，启动颗粒运动所需的最小摩擦力对应的风速为 $0.14 \sim 0.36$ 米/秒。

土壤颗粒被风剥离后通常以三种形式进行搬运：蠕移、近地表的跃移和远距离的悬移。蠕移粒子（通常是中度或粗糙的沙粒大小颗粒物或集合体）通常沿着地表运输很短的距离就被截留或沉积。

跃移粒子（通常是细小到中等的沙粒或集合体）以一系列的小跳跃沿着土壤表面移动。这些粒子对引发进一步分离非常重要，直到达到风的输送能力或颗粒的供应受到表面黏聚力或结壳的限制。悬移粒子或集合体的大小通常介于黏土或非常细的沙粒之间，它们在风蚀过程中上升到上层大气中，随后被运输到很远甚至是整个大陆的距离。虽然悬移粒子只占被搬运土体的一小部分，却是对富营养土壤的流失和空气质量影响最大的。

风力侵蚀物理模型通常区分将引起沙粒大小颗粒（60～1 000 微米）跳跃和由沙粒跳跃引起的粉尘（颗粒小于 60 微米）排放过程（Shao 等，1996）。粉尘粒子具有很高的临界速度，但是很容易通过沙粒跳跃或者跳跃碰撞被抛射入风中。

跃移搬运沙粒和悬浮输送粉尘过程发生的沉积是不一样的。在农业环境中，跃移搬运沙粒在距离侵蚀点相对较近的几十至数百米的地方沉积，并且当遇到湿润土壤或水体表面时，风的输送能力会降低。而粉尘会被运输到非常远的地方，据估计，25% 的粉尘沉降发生在海洋中（Shao 等，2011）。如前文所述，被运输的粉尘中含有丰富的土壤有机碳，这对碳从陆地迁移到海洋意义重大。

2.3 耕作侵蚀过程

相比于风蚀和水蚀，人们对耕作侵蚀重要性的认识要更晚些，土壤学家于 1990 年才意识到耕作侵蚀的重要性，这与 20 世纪 80 年代放射性元素 ^{137}Cs 的使用密切相关（Govers 等，1999）。耕作侵蚀发生的原理非常简单：由于重力作用阻碍了土壤的上坡运动，增强了下坡运动，耕作操作总体上引起土壤下坡净位移。从某种程度上来说，人们对耕作侵蚀重要性认识的滞后性反映了其在单一事件中的影响几乎不可见的本质，其影响只能通过长期的累积才能在地貌景观中显示出来（图14）。

图14　长期耕作侵蚀作用下坡顶表层土壤流失和富碳酸钙下层土壤暴露
（加拿大，萨斯喀彻温省南部）

实验表明，土壤的位移程度取决于边坡坡度，具体来说就是某一给定坡段上下边界之间的坡度变化。当坡段上的坡度增加时，耕作就会导致凸坡坡面要素(如坡顶和坡肩) 的土壤流失。坡度的增加会导致沿坡段的相应土壤位移增加。在凹坡要素中（如山坡和洼地），斜坡坡度随坡段减小，因此，土壤运输的能力就会降低，从而发生土壤沉积（图15）。

图15　斜坡上的耕种活动导致土壤在重力作用下向下发生位移（意大利）

耕作侵蚀的物理模型通常关注与耕作方式相关的耕作迁移系数和设备的运行速度。耕作的土壤位移量随耕作深度和设备速度的增加呈指数增加（Van Oost等，2006）。

不同于水力侵蚀和风力侵蚀，耕作侵蚀通常不会造成团聚体的破坏以及不同粒径粒子的差异性运输。因此，耕作侵蚀产生的沉积土壤与源土壤成分非常相似，不会发生土壤有机碳和细土壤颗粒的富集。总之，耕作侵蚀是决定农业土层厚度、土壤类型分布和土壤有机碳存储量的重要因素，通常情况下对侵蚀土壤的场外运输影响不大。但是，耕作侵蚀所剥离下的土壤能够随着水力侵蚀被运输到场外。

3 侵蚀过程的控制

虽然不同地点的侵蚀其物理过程是一致的，但具体地点的实际侵蚀速率取决于该地点的具体条件。在20世纪下半叶人们对土壤、地形、植被覆盖和人为干扰等土壤侵蚀过程的控制因素进行了广泛的研究。本节内容总结了控制因素和物理过程之间的关系，以便为第5章中水土保持措施评估提供基础参考。

3.1 影响水力侵蚀的因素

一个地点的水力侵蚀速率取决于降水本身（雨滴击溅的来源）和降雨过程中产生的径流，后者对侵蚀土壤起到剥蚀和搬运作用。降雨和径流的侵蚀行为同样受地表情况影响，其中地表情况影响因素包括土壤对剥蚀和搬运的抵抗力、植被的影响、坡度及坡体结构。

3.1.1 气候

降雨对土壤侵蚀的物理影响已经得到了广泛的研究，相关研究者提出了许多降雨侵蚀的相关方程。降雨中常用的两个属性是降雨量和降雨强度（即给定时间段内降雨总量与降雨时间之比，单位为毫米/小时）。雨滴本身的性质用动能来表示，即雨滴质量与撞击速度的平方的乘积的一半。广泛使用的降雨侵蚀的测量方法（Wischmeier，1959）是暴雨的总动能与30分钟最大强度的乘积。Panagos 等（2015）提出了在欧洲范围内使用该方法计算降雨侵蚀的区域实施方案。

降雨侵蚀力在全球范围内具有重要意义，但其他水源产生的径流侵蚀在特定地区也很重要。在加拿大和俄罗斯等北方国家，冰雪融化释放的水是造成水土流失的主要原因，这些地区冻土层上的降雨也是主要贡献者。此外，通过灌溉增加的水流未纳入到降雨侵蚀的计算中。

3.1.2 土壤

土壤性质对某一地点径流量的产生及土壤抗侵蚀能力（或土壤可蚀性）有很大影响。

土壤表面的水分可以渗入到土壤中，也可以在土壤表面形成流动的径流

（假设存在轻微的坡度）。渗入到土壤中的水分比例主要取决于：①降水特性，包括降雨强度、雨滴大小和雪融速度等；②土壤表面的坡度，通常情况下，坡度越陡，水的入渗率越低；③土壤的渗透率。

水分渗入到土壤中受重力和土壤活性颗粒的影响，入渗速率受土壤孔隙直径、孔隙连续性和土壤当前的湿度条件限制。一般来说，土壤质地是影响入渗速率最重要的控制因素（表5）。其他因素如土壤有机质含量、栽培史和植被也可能对入渗速率起到重要影响作用。

表5　按照种植作物时土壤经过长期湿润后最小入渗速率对土壤进行等级分类

组别	最小入渗率 （毫米／小时）	土壤特性
A	8 ~ 12	深厚的沙土、深厚的黄土或粉沙壤土，具有良好的团聚结构
B	4 ~ 8	浅黄土、粉沙壤土和沙壤土
C	1 ~ 4	黏壤土、浅沙壤土、有机质含量低的土壤、黏土含量高的土壤
D	0 ~ 1	具有高胀缩性的土壤、重黏土、部分盐渍土（碱化土壤）

资料来源：Dunne 和 Leopold，1978。*Water in Enrironmental Planning*。

土壤中颗粒和团聚体的大小是影响土壤侵蚀最重要的因素。仅就土壤质地而言，因为黏土的黏合力高，所以以黏土为主的土壤的抗剥蚀能力较强，由于以中粗沙为主的土壤颗粒较大，因此其抗搬运能力强。由此，粉土为主的土壤和壤土（即沙粒、粉粒和黏粒含量大致相等的土壤）最容易被剥蚀和搬运。

一般情况下，土壤颗粒可以结合形成较大的团聚体，而团聚体的大小和稳定性对土壤侵蚀的相对控制作用更大。对侵蚀作用而言，团聚体可分为微团聚体（粒径最大为250微米）和大团聚体（粒径为250微米至10毫米甚至更大）（Bryan，2000）。微团聚体结合紧密、密度大、孔隙率低且通常抗破坏性强。微团聚体可以和碎石、未凝聚的土壤有机质进一步结合形成较松散的大团聚体，这种大团聚体抗破坏性较弱。团聚作用的强度取决于黏合剂，包括腐殖酸、微生物黏液、与黏土晶体结构相关的静电键以及水分和电解质含量（Bryan，2000）。通常情况下，黏土和有机质含量越高，则团聚体抗侵蚀能力越强。

团聚体还受到各种物理因素的影响，如霜冻作用、根系作用、压实和收缩作用，以及人为破坏（例如耕作）。这些物理影响每年都在变化，因此，团聚作用在各时间段内也大不相同。

影响土壤侵蚀的最后一个主要因素是土壤表面的粗糙度：表面越粗糙，水流受到的阻力越大，因此土壤被侵蚀的风险就越低。耕作过程产生的大团聚体和土块造成了较为粗糙的土壤表面，会降低土壤的侵蚀风险。与此同时，岩石碎片也可以造成类似的粗糙程度，但岩石的影响效果比较复杂，因为岩石会将水流集中在岩石间的通道中，从而增强局部侵蚀（Torri和Borselli，2012）。

预测土壤侵蚀最常用的工具是RUSLE中的K(土壤侵蚀)因子（参考第4.2.1节），K因子试图对上述描述的几个因素进行总结归纳。K因子中用到的变量为粉粒+黏粒百分比、沙粒百分比、土壤有机质百分比、土壤结构类型以及土壤渗透类型。K因子的主要争议点在于，创建经验K因子所用到的小范围试验往往不能反映出细沟的发育，因此在实际景观尺度中的应用价值相对有限（Bryan，2000）。

3.1.3 地形

地形对水力侵蚀的空间格局有直接影响。首先，侵蚀强度随坡度的增加呈线性增加，径流速度（及其侵蚀能力）随坡度的增加而增加。

其次，因为径流通过下坡和横坡会造成累积，所以水流深度会增加，从而侵蚀能力会加强。在坡度均匀（即横坡曲度不变）的坡道上，顺坡而下的径流体积与深度也随之增加。因此，侵蚀力在坡顶最小，到坡底时达到最大（图16）。在具有显著横坡曲率的复杂坡面上，水流在凸坡上分散，在凹地中汇聚，因此侵蚀集中发生在凹地中。这些凹地元素通常是景观中沟壑开始形成

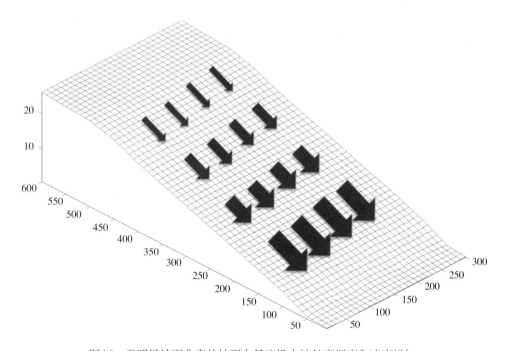

图16 无明显坡面曲率的坡面上径流沿山坡长度深度和速度增加

的地方（图17）。当坡底的坡度降低时，径流中的泥沙量大于其搬运能力，从而会造成沉积物的堆积。

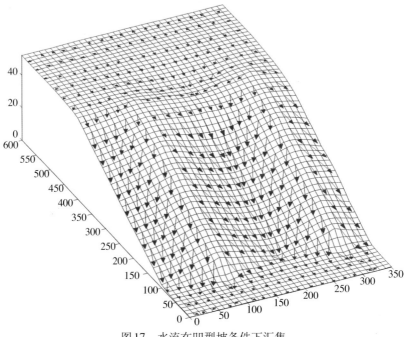

图17　水流在凹型坡条件下汇集

3.1.4　植被

　　植被对所有的水力侵蚀过程都有显著影响。第一，植被拦截可以减少降雨湿润的地表面积近一倍，避免部分降落雨滴湿润土壤（导致团聚体被破坏）并在地表累积（Torri和Poesen，2014）。第二，植被保护土壤免受雨滴的冲击，并延缓土壤的板结。前者减少了雨滴击溅破坏地表，而后者减少了径流量。第三，植物根系增大了土壤孔隙，因此增大了渗透速率，从而减少了径流（Gyssels等，2005）。第四，植物根部增强了土壤对水力侵蚀的抵抗力。第五，植被增大了对地表径流的阻力，降低了水流速度，消解了部分侵蚀能量。第六，无论是植被本身，还是由植物间接产生的土壤有机质，都有助于形成水稳性团聚体，从而增加土壤的抗蚀性和渗透性。总体来说，从农业用地到草地，再到森林，随着植被密度的增加，土壤的抗水蚀性会随之增大，降雨过程中地表径流流量也会随之减少（Torri和Poesen，2014）。

　　植被覆盖与其相应的侵蚀损失（即给定植被覆盖下的侵蚀损失相对于裸土的侵蚀损失）之间呈指数关系，如图18所示。通常情况下，当植被覆盖约

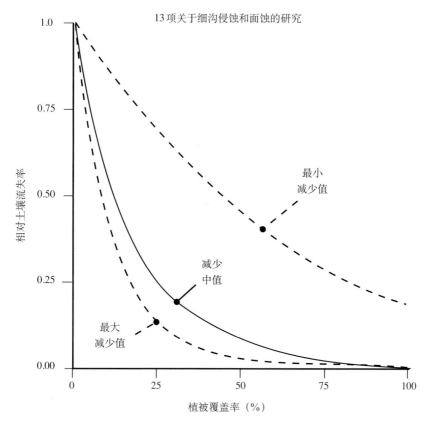

图18 13项关于面蚀和细沟侵蚀土壤流失与植被覆盖的关系

资料来源：改编自 Gyssels 等，2005。

为20%时，面蚀和细沟侵蚀会减少50%，当植被覆盖为30%～35%时，面蚀和细沟侵蚀会减少75%，当植被覆盖约为60%时，面蚀和细沟侵蚀减少达90%（Gyssels 等，2005）。不同结果关于减少飞溅对土壤剥离的影响是相似的，但研究结果存在一定差异。

3.2 影响风力侵蚀的因素

风力侵蚀发生在裸露或近乎裸露的、平坦的、干燥的土壤表面，并且风速足以使土壤颗粒发生迁移的土地上。

3.2.1 气候

风蚀发生的条件是土壤表面的风速超过最易受侵蚀的土壤颗粒发生移动时所需的速度（Fryrear，2012），因此风速是一个关键的气候变量。风速廓线中土壤的存在改变了风分离和携带土壤的能力，因此计算风蚀的临界速度是非常困难的。第二个气候变量是土壤表面的水分含量，因为土壤湿度可以起到稳定土壤表面的作用。

在风蚀建模中包含气候属性是非常必要的，但同时也是非常复杂的，因为汇总的不同时间段内（例如每小时、每天或每月）的风速可能会低估瞬时风强。在基于风蚀评估模型的模拟过程中，Shao、Raupach 和 Leys（1996）使用了基于三小时地面观测的气候统计数据，分别是最大风速、平均月降水量、降水天数、降雨强度分布以及干湿交替过渡天数。

3.2.2　土壤

土壤性质和风蚀之间存在直接关系：土壤颗粒和团聚体越大，将其从土壤中分离和搬运所需的风速就越大（Fryrear，2012）。土壤颗粒中的单个沙粒与其他土壤颗粒无法结合，因此最易受到侵蚀。团聚体相对来说难以被风卷带走，但它们可能会被沙粒撞击而破坏。

土壤表面形成的结壳可以减缓风蚀。当耕作措施(疏松土壤表面)进行后出现下雨或形成生物结壳时，土壤表面就会形成结壳。严重影响结壳形成的土壤性质包括黏粒含量、碳酸钙和可溶性盐的浓度。

土壤表面的粗糙度也是影响风蚀的重要因素。在农业环境中，耕作通常通过建造耕垄和犁沟以及地表随机形成的土块来增加土壤表面粗糙度（Fryrear，2012）。当 0.06～0.25 米高的耕垄与风向垂直时，风蚀过程可以得到有效控制（Fryrear，2012）。在长时间遭受风蚀的土地上，耕垄有时可以作为一种有效的控制措施。

3.2.3　地形及田间配置

丘陵会对风的流动造成重大干扰，从而影响风的侵蚀潜力。理论和实践研究均表明，风力侵蚀强度沿着山坡的迎风面高度增加而增加，在顶部达到最大值，到达背风面后急剧下降（Goossens 和 Offer，1997）。背风面的"风影"效应导致粉粒（黄土）在该地沉积。

风力侵蚀中的一个重要景观因素是风吹过的区域大小。修正土壤风蚀方程（Revised Wind Erosion Equation；Fryrear，2012）假设在田地迎风边界处侵蚀值为零，然后开始增加直至达到风蚀临界值。

3.2.4　植被

植被覆盖的存在可以有效减弱风力侵蚀。农田中种植的农作物及其残留物都可以起到限制风力侵蚀的作用（图19）。相对土壤流失率与植被覆盖率呈指

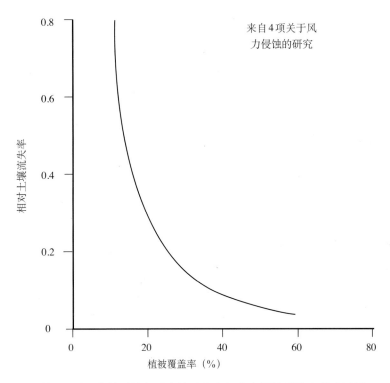

图19　基于4项研究的风蚀相对土壤流失率与小麦植被覆盖率关系图解

资料来源：改编自 Fryrear，1985。

数关系（Fryrear，1985）。在0～40%的覆盖率范围内，相对土壤流失率下降最显著，相应的风力侵蚀减少了80%～90%。在覆盖率极低（<10%）的情况下，直立的作物残留物在降低侵蚀方面的有效性比地面平铺残留物至少高6倍。因此，生产者对农作物残留物进行管理是非常重要的（Fryrear，2012）。

　　由于过度放牧和践踏的影响，灌木丛等非农田系统可能会遭受相当大的风蚀（图20）。灌木丛对风速和风蚀的影响取决于灌木的相对覆盖率（Wolfe和Nickling，1993）。孤立灌木丛（1%～14%的覆盖率）会扰乱风的流动，并形成灌木下的顺风尾流，使得风速显著降低，从而降低风蚀。灌木丛覆盖率在14%～40%时，其较高的密度阻止了完整的尾流效应实现，侵蚀降低程度较小。灌木丛覆盖率在40%以上的区域可以实现完整的尾流效应，对侵蚀的减少作用是最大的。对于非耕地，灌木丛具有最高的总体风蚀水平，而草地和森林的风蚀水平则明显较低（Ravi等，2010）。

©粮农组织/Ronald Vargas

图20　长有植被的土丘破坏气流并造成风积型沉积物的沉积（伊朗）

3.3　影响耕作侵蚀的因素

耕作侵蚀速率由两组因素控制（Lobb等，1999；Van Oost等，2006），耕作侵蚀是物理因素和人为因素共同作用的结果，这些因素包括耕作工具特征（工具形状、宽度、长度）、操作条件（耕作深度、速度、方向）以及耕种人员根据田间条件对耕种操作做出的相应改变。景观土壤可蚀性由地形参数（如坡度和曲率）、区域特征（大小和形状）和土壤物理性质决定，它决定了土地遭受侵蚀的程度。

20世纪90年代，人们为了评估不同耕作方式对耕作侵蚀率的影响做了大量工作（Van Oost等，2007）。一般来说，耕作深度的增加会使得更多土壤遭受移动和下坡位移，使侵蚀率呈线性增加。板式犁（平均耕作深度约为0.25米）通常会比凿式犁（平均耕作深度约为0.15米）造成更大的耕作侵蚀；二次耕作采用的农具如中耕机、耙、浅型圆盘农机具造成的耕作侵蚀率较小。耕作速度是影响土壤侵蚀速率的次要因素，相对于耕作深度，它对土壤侵蚀的影响较小。

地形对耕作侵蚀率也有很大影响。凸地形地区的耕作侵蚀率最高，且这些地区的土壤厚度明显变薄（图21）。耕作侵蚀和水力侵蚀在空间格局上有很大不同（图22）。侵蚀沉积物在坡度减缓的斜坡底部产生堆积。

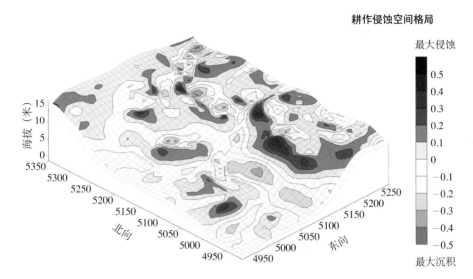

图21　圆丘陵景观中的耕作侵蚀空间示意（耕作侵蚀在上位区的凸型斜坡处最严重）

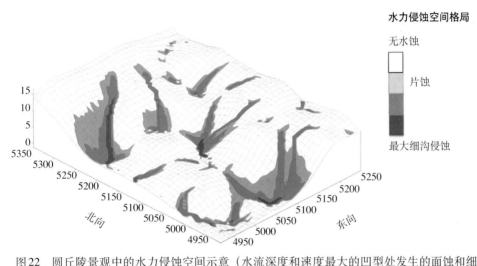

图22　圆丘陵景观中的水力侵蚀空间示意（水流深度和速度最大的凹型处发生的面蚀和细沟侵蚀最严重）

4 土壤侵蚀评估方法：实地测量与模型研究

全球和区域侵蚀评估结果存在的巨大差异，部分原因是采用了不同的实地侵蚀评估方法而导致的。检查这些方法及其正确用法对评估环境提供参考是非常重要的。这些现场测量值也被用于侵蚀模型的开发，它们既是部分模型的实证基础，也是评价模型性能的基准。本章将阐述主要的几种侵蚀模型，以便于下一章节研究这几种模型在全球和区域上的应用。

4.1 侵蚀的现场评估

4.1.1 水力侵蚀

对现场水蚀的直接评估包括记录和测量现场侵蚀作用的影响情况，例如细沟和沟壑的深度和范围、植物或树木的根系暴露程度、栅栏柱和其他结构的地下部分暴露情况，以及排水沟中的沉积量（Stocking 和 Murnaghan，2001）。Stocking 和 Murnaghan 认为这种方法与农民更为相关，他们对于影响侵蚀的看法更应纳入到评估中（图23、图24）。此外，现场评估因素比试验设计所得的因素更加具有实用性，并且相比于精心设计的科学试验来说，现场评估因素实施所需的资金投入要少很多。Evans（2013）在英国许多试验点进行了水力侵蚀的现场评估和监测。Evans 认为用这些方法评估得到的侵蚀量只是模型评估结果的一小部分（表1），而现场评估能更好地代表景观中实际发生的侵蚀速率。当然，现场评估方法似乎更适合于不具备开展复杂试验设计的地区。

过去10年来遥感技术的发展对现场侵蚀评估提供了有利帮助，特别是评估地形中细沟和沟壑的形成程度（Bennett 和 Wells，2019）。地面激光雷达以及进行近距离摄影测量的无人机等工具已用于对短时期内形成的沟壑的精确测量。Bennett 和 Wells（2019）认为这些技术有望取代重复观测的实际测量结果和变化观察的模型模拟估计。

在土壤侵蚀研究中，广泛采用的两项试验设计为：人工模拟降雨和径流侵蚀试验区。人工模拟降雨试验用于评估雨滴对土壤的剥蚀作用和地表径流的

图23 细沟深度的田间测量（马拉维，代扎）　图24 沟壑深度和范围的田间测量（马拉维，奇蒂帕）

产生条件（Meyer，1994）。其可以使用不同尺寸的喷嘴产生雨滴，并且可以控制降雨的强度，由此评估不同降水事件的影响。通过在不同的土壤表面（如由耕作或残留物覆盖造成的不同表面粗糙程度）条件下进行试验，也可评估相关管理措施对雨滴剥蚀作用和径流产生的影响。最后，模拟器的可携带性，使得可以针对不同情况进行重复操作处理（如覆盖物类型、土壤类型），以便在评估结果中使用统计工具。由人工模拟降雨所得的数据被广泛应用于提供通用土壤流失方程所需数据。但是降雨模拟器的使用仍存在争议，部分原因在于其应用范围较小，无法评估雨滴与地面径流之间的相互作用，而两者的交互影响对于土壤剥蚀和搬运作用至关重要（Kinnell，2016）。

　　较大范围的径流侵蚀试验区在研究中已得到普遍应用。应用最广泛的是用于构建土壤流失方程的试验区。这些试验区的长度为22.1米，宽度为4.1米，且在试验区尾部安装有可捕捉和测量径流量和沉积物的仪器装置（图25）。通常试验区是分组布置的，而且通过重复设计可以对不同覆盖类型等进行重复观测。如果重复的设定没有出现差异，那么侵蚀试验区就可以有效地用于评估管理操作对土壤流失的影响，这是径流侵蚀试验的主要优势所在。

图25 提供土壤流失方程所需数据的标准径流侵蚀试验区（罗马尼亚东部）

在第一版通用土壤流失方程构建过程中，分析了超过10 000份试验区和小流域的年度记录数据，来建立方程相关参数间的经验关系。Montgomery（2007）关于侵蚀值的总结被广泛引用，Montgomery也利用了试验区所得的数据。Cerdan等（2010）对欧洲19个国家81个试验地点的2 741个试验区的年度测量值进行了总结。得出这些数据的试验区的平均地块长度为23.7米，面积为378平方米，与通用土壤流失方程的标准试验区非常相似。Poesen（2018）引用了来自五大洲的研究，这些研究包括24 000份试验区的年数据，这些数据主要来自面积为$10^{-3} \sim 10^{-2}$公顷的试验区。

侵蚀径流试验区已广泛用于文献中，但人们也清楚地认识到其不足之处。构建土壤流失方程所用的试验区测定的大多具有恒定坡度且没有显著横坡曲率的地表侵蚀流失，然而现场侵蚀过程在下坡和横坡表现出明显的空间差异。虽然标准侵蚀试验区被认为既可以测量细沟侵蚀也可以测量沟壑侵蚀，但有人认为，这些试验点的面积决定了它们只能测量以雨滴影响为主的情况（Kinnell，2016）。试验区不能对细沟侵蚀和沉积物的堆积过程给出可靠的评估结果。此外，有相当大比例被侵蚀的土壤会在现场的沉积点保留下来，而该沉积过程不能在标准侵蚀区进行评价。将试验区测得的数据运用到大范围评估时，所估测的土壤侵蚀速率值会偏高（Van Oost和Bakker，2012）。最后，试验区位置方面的偏差会使易受侵蚀的土地比例被高估，而不易受侵蚀的土地比例被低估（Vanmaercke等，2012），因此，在将试验结果扩展到更大范围的景观时，应当更加谨慎。

4.1.2 流域产沙率

第二种被广泛使用的水蚀评估工具是测量径流和河流中的悬沙浓度（Walling，1994）。这些研究的典型做法是在河流或河道边的自动监测站点利用相关仪器装置监测，在设定的时间间隔内对水中的悬浮沉积物进行取样测定。该方法虽然可行，但沿河床对较粗的沉积物进行取样的情况非常少见。Poesen（2018）在欧洲地区对1 287份有关流域测量的相关文献，以及507项关于水库沉积物积累的研究进行了回顾，典型的流域面积在$10^3 \sim 10^7$公顷，其认为，当前侵蚀研究的一个弱点在于缺乏对试验区和流域尺度间的研究。

测量点的泥沙产量表示为给定时间范围内单位流域面积内的泥沙产生量[如：吨/（千米·年）]。通过与流域总体侵蚀速率对比，就可以计算出泥沙输移比（某一时段内通过沟道或河流某一横截面的输沙总量与该横截面以上流域产沙量的比值）（Walling，1994）。

流域尺度的产沙率研究在估算土壤侵蚀方面有很多局限性（Walling，1994）。首先，大量的泥沙储存在流域内，所以在出口测量到的泥沙只是流域内实际侵蚀泥沙的一小部分。其次，在山坡和沿河道内储存的泥沙会导致在流域侵蚀和泥沙测量之间存在一个时间差，因此得到的产沙量不能代表当前流域内的侵蚀速率。再次，河道内泥沙的运输来自于初始源头而不是由坡面侵蚀引起的。例如洪泛区储存的沉积物往往是在洪水泛滥时期发生，然后再次进行迁移的。尽管人们已经开发了多种"指纹"追踪沉积物来源的方法，但这仍然是一个重大的挑战。最后，因为流域很难完全复制，因此，基于人为强加的处理（如不同的覆盖类型）和重复测量的数据分析很难进行。

总体而言，由于在试验区和流域尺度上，侵蚀发生的阈值是不同的，这使得具有不同试验面积范围的相关研究估算结果差异非常大。通常，侵蚀速率会随着试验区面积的减少而下降（Garcia-Ruiz等，2017）。

4.1.3 风力侵蚀

通常情况下，测量风蚀的田间方法比测量水蚀的方法更有限（Fryrear，2012）。多年来，人们开发了各种类型的沉积物收集器，它们可以安装在不同的高度，以捕捉风柱中携带的沉积物。采样效率是各种捕集器的关键属性参数：在理想情况下，在给定高度的风柱中沉积物可以100%被捕获，但通常效率在80%～120%。这些捕集器可用于测量每次风暴引发的侵蚀量，而一年的累积损失可通过各次的累积来进行计算。

除采用捕集器对沉积物被动采样外，许多研究人员采用风洞实验来评估风速和表面覆盖可控下的侵蚀情况。风洞试验在实验室和田间环境下均可进行，该方法可以精确控制风况，并对不同高度的风载沉积物进行采样（Wu等，2018）。

此外，利用遥感技术可以在全球范围内对沙尘暴评估，例如Ginoux等（2012）利用中分辨率成像光谱仪（MODIS）评估了灰尘的光学厚度。该遥感系统分辨率高（大约10千米），几乎可以全球覆盖，并能提供多波段下的气溶胶信息。

4.1.4　耕作侵蚀

当前，有两种主要方法已被用于量化耕作侵蚀率和评估不同耕作工具造成的相关耕作迁移率。最常用的方法是耕作前在土壤中放置示踪剂，耕作后测量示踪剂的位移（Fiener等，2018）。用于该方法的示踪剂包括微小的示踪剂（磁性氧化铁、荧光沙）和大的示踪剂（射频标识转发器）。另外，耕作引起的地形变化可以使用地面激光扫描仪或无人驾驶航空系统进行评估。Fiener等（2018）对这些方法进行了比较，结果表明这些方法之间存在巨大差异，这使得模型参数的研究更具挑战性。

4.1.5　大气沉降放射性核素在侵蚀评估中的应用

自20世纪70年代中期引入^{137}Cs以来，沉降放射性核素已被广泛用于土壤侵蚀评估。^{137}Cs是最常用的沉降放射性核素，其他放射性元素如$^{239+240}$Pu、^{210}Pb和^{7}Be也可被用于土壤侵蚀评估，前两种是人造放射性元素，后两种为天然放射性元素。当沉降放射性核素在土壤表面沉积时，会与土壤活性颗粒紧密结合，然后在侵蚀过程中发生迁移。对沉降放射性核素当前分布情况的评估可以用于评估侵蚀的空间格局以及造成这种格局的侵蚀率（Mabit等，2018）。沉降放射性核素中^{137}Cs、^{210}Pb和^{7}Be的浓度可以在实验室中使用伽马射线进行测定，对$^{239+240}$Pu可使用电感耦合等离子体质谱法进行测定。沉降放射性核素的半衰期从^{7}Be的53.3天到^{239}Pu的24 110年不等；^{137}Cs的半衰期为30.2年，^{210}Pb为22.8年，这使得它们十分有利于被用于土壤侵蚀的研究。

利用^{137}Cs进行侵蚀评估时，需要根据不同的设计方案从田间采集一系列土样（Pennock和Appleby，2002）。然后将每个土样中的^{137}Cs浓度与附近未被侵蚀的参考点中的浓度进行比较，并利用转换模型将^{137}Cs的变化转化为土壤的流失或增加。当前，学术界尚未形成一个统一的转化方法，这使得^{137}Cs相关文献的总结和分析工作变得非常复杂。Parsons和Foster（2011）指出另外一个关于这一方法的问题在于其需要一个未受侵蚀的参考点（Parsons和Foster，2011）。也有一些研究人员如Mabit等（2013）认为该方法对于侵蚀评估是可靠的。

除非有其他可用的信息来源，否则单独使用沉降放射性核素进行的侵蚀评估无法反映侵蚀的具体过程。但是这些评估方法确实可以反映取样点土壤的流失或增加，土壤学家和地质学家在20世纪80～90年代所采用的[137]Cs研究方法让人们意识到了耕作侵蚀的重要性（Govers等，1999）。

4.2　模型研究

土壤侵蚀模型广泛应用于将特定地点的现场研究推广到更大范围，并提供不同情景（如气候和土地利用变化）的侵蚀评估。本节内容将着重讨论不同土壤侵蚀类型的模型研究，在下一章将提供在不同区域和全球尺度上模型的应用情况。

4.2.1　水力侵蚀模型

当前，许多水力侵蚀模型已经被成功开发，且处于持续更新中。Torri 和 Borselli（2012）认为评论以前的水力侵蚀模型是没有意义的，因为这些模型可能已经被新模型所取代。

在诸多水力模型中，当前使用最广泛的水蚀模型是修正通用土壤流失方程（RUSLE）（Renard等，1997）。该方程是通用土壤流失方程（USLE）的修订版（Wischmeier和Smith，1978），是一个被广泛用于侵蚀评估和保护规划方面的工具。

最初使用的USLE模型是一系列水力侵蚀损失和主要控制条件的统计关系模型，模型中所用数据来自之前讨论的标准USLE站点数据。对试验区数据资料进行回归分析，可以确定各USLE因子与土壤流失之间的数学关系（Renard等，1997）。修正通用土壤流失方程保留了USLE的基本结构，并增加了几个新的研究因子。

修正通用土壤流失方程计算预期年平均坡面侵蚀量的公式如下：

$$A = R \times K \times L \times S \times C \times P$$

式中，A 为单位面积上平均土壤流失量［吨/（公顷·年）］；

R 为降水-径流侵蚀因子（包括融雪径流因子）；

K 为土壤可蚀性因子；

L 为坡长因子；

C 为植被覆盖-管理措施因子；

P 为保护措施因子（如等高种植、梯田）。

由于修正通用土壤流失方程中包含了气候和管理因子，因此它在情景分析法中得到了广泛使用。虽然原始的通用土壤流失方程试验区设在美国，但其他国家也相应建立了标准试验区，以便于对方程进行现场校准（Kinnell，2016）。此外，修正通用土壤流失方程已被用于模拟范围更广的土壤侵蚀模型中，如农业非点源污染模型（Agricultural Non-Point Source Model）和WATEM-SEDEM模型（De Vente等，2013）。

修正通用土壤流失方程的局限性已被广泛检验。其中一点是关于方程本身，该方程计算的是土壤流失量，而不是沉积物产生量，并且来自其他来源（如沟壑）的侵蚀和在现场或景观内部的沉积无法被模拟（Renard等，1997）。该模型通过进一步发展（RUSLE 2；Foster，Toy和Renard，2003）提供了一种可以在一维的山坡上计算沉积物产量的方法。

一些其他研究对USLE模型中的某些因子提出了异议。例如，在降雨侵蚀方面，Kinnell（2010）认为，R因子没有明确考虑降雨径流，限制了模型对降雨过程土壤流失的预测能力。而在改良版通用土壤流失方程（Modified Universal Soil Loss Equation，MUSLE）中通过径流数据和水流峰值数据可以估测降水事件引起的土壤流失量（Sadeghi等，2014）。改良版通用土壤流失方程已经被用于水土评估工具（Soil and Water Assessment Tool，SWAT）（de Vente等，2013）。最近，Benavidez等（2019）开展的一项综合评论中提出了在通用土壤流失方程应用中一些需要持续关注的问题。

除此之外，也有许多其他的物理模型被用于水力侵蚀的评估和预测。Pandey等（2016）对50个模型进行了综述，并对如何选择特定用途的模型提供了指导。

4.2.2　风力侵蚀模型

风力侵蚀方程（Wind Erosion Equation，WEQ）是最早的风力侵蚀模型之一(Woodruff和Siddoway，1965)，它与通用土壤流失方程具有相似的经验基础：该方程中的年侵蚀量（兆克/公顷）是关于土壤可蚀性、土壤粗糙度、气候、无保护农田的大小以及植被的函数。WEQ的局限性导致了修正风力侵蚀方程（Revised Wind Erosion Equation，RWEQ）的发展，RWEQ对泥沙运输的物理过程进行了改良（Fryrear，2012）。该模型需要的数据主要是天气、土壤、作物和耕作等，相对简单，其可以估测从天到年时间范围内的侵蚀情况。在20世纪90年代人们开发了一个具有更强物理基础的风蚀预测系统(Wind Erosion Predictions System，WEPS)，但大量的输入参数限制了它的使用。

最近，全球风力侵蚀模拟的研究采用了一种与上述WEQ系列风蚀方程模型完全不一样的方法。Chappell等（2019）将其风蚀模型建立在植被引起的风速(和侵蚀)降低的基础上。他们利用植被阴影投射比例，建立与风蚀相关的空气动力特性关系，推导出风沙输移值。植被阴影遮蔽程度由MODIS反照率数据进行评估，并结合全球风速数据集、土壤湿度和土壤数据探究全球风力侵蚀对土壤有机碳储量的影响。

4.2.3　耕作侵蚀模型

当前发展起来的耕作侵蚀模型，大多利用耕作因子与地貌形态信息相结合来预测土壤的迁移。Van Oost 等（2013）使用经验方程估算了耕作位移量，该方程包括耕作方向和垂直于主方向上的耕作位移、耕作深度和机具速度，以及从耕作实验中得出的一些系数。Li 等（2008）利用线性函数评估了坡度和曲率以及耕作操作本身对耕作迁移距离的影响。他们将这一结果与评估耕作位移对土壤量和土壤成分再分配的模型相结合，用来估算耕作对土壤有机碳的重新分配。到目前为止，还没有一个单一的模型能够用来作为耕作效果的评估标准。

5 区域和全球土壤侵蚀模型

在前面章节中讨论的许多方法已经用于土壤侵蚀模型的开发，相关的模型可以提供大尺度范围的土壤侵蚀评估。这些模拟结果对于评估土壤侵蚀程度以及人类社会由此面临的众多其他挑战具有重要意义。然而，模型工作简化了侵蚀的复杂过程及其控制因素，也经常受到实地研究人员的指责。

最近的《世界土壤资源现状报告》、Amundson 等 (2015) 的研究，以及土地退化全球评估的相关研究 (Oldeman, Van Engelen 和 Pulles，1991；Oldeman Hakkeling 和 Sombroek，1991)，都很好地佐证了发展土壤侵蚀模型的必要性。全球土壤退化评估综合运用了专家意见和实地评估来制作相关的全球地图产品，但鉴于过去30年来，土地利用和气候发生了重大变化，20世纪80年代的数据已不具有时效性，不能很好地描述当前的土壤退化状况。

5.1 修正通用土壤流失方程模型研究

运用模型来预测侵蚀和检验侵蚀带来的相关影响，以及这些研究工作的不足，在欧洲土壤侵蚀建模工作中都有很好的体现。Panagos 等 (2015) 使用了欧洲委员会联合研究中心大量统一数据构建的修正通用土壤流失方程欧洲特定版本——RUSLE 2015 来开展他们的工作。相关的工作主要是通过改变欧洲研究人员数据获取情况对 RUSLE 模型进行改善。Panagos 和他的同事们分别发表了相关文章来阐述土壤可蚀性、降雨侵蚀力、植被管理、地形和水土保持措施因子的具体变化。与此同时，他们的相关研究还广泛地使用了辅助数据，如在地形因子中利用了最新的欧洲25米数字高程模型，土壤可蚀性因子中利用了遥感数据和地形特征。

Panagos 等 (2015) 在2010年绘制了一幅分辨率为1亿像素的欧盟土壤流失地图。该地图排除了大约10%不易受侵蚀的陆地（如湖泊、湿地、城市地区和裸露的岩石）。

在研究区域内，由水土流失造成的年均土壤流失率为2.5吨/（公顷·年）。欧洲陆地总面积的76%的土壤流失率低于2吨/（公顷·年），这被认为是可持续的。土壤流失速率最高的是地中海地区、山区（如阿尔卑斯山脉、亚平宁山脉、比利牛斯山脉和内华达山脉）、希腊西部、威尔士西部和苏格兰。就土地覆盖/土地利用类型而言，葡萄种植园、橄榄种植区的土壤流失最大［平均为

9.47吨/（公顷·年）]，主要是因为这些作物的土地覆盖率较低，且种植在地中海地区，该地区属于降雨侵蚀力较高的区域。作者还利用RUSLE 2015模型对由欧盟成员实施的良好农业和环境条件项目的影响进行了敏感性分析。总体来说相关措施的采用对水土流失的影响非常小。截至2015年，超过25%的农业用地已应用少耕、免耕和覆盖作物措施，但这仅降低了约1%的土壤流失。其他水土保持措施如草带、等高种植的影响效果也很小。

RUSLE 2015模型随后被用于评估由土壤侵蚀造成的农业生产力损失情况（Panagos等，2016）。RUSLE 2015模拟结果显示，在过去25～30年，在水土流失率较高的地区 [>11吨/（公顷·年）]，农业生产力损失估计为8%，但作者并没有研究低等和中等侵蚀率 [<11吨/（公顷·年）] 的农业生产力损失。

Panagos等（2015）的侵蚀估算在学术界引起了广泛讨论，这在土壤学研究领域非常罕见。Evans和Boardman（2016a）提出了一些批判性意见，并指出其主要问题在于RUSLE 2015的评估结果没有和其他侵蚀评估进行比较，如与Evans（2013）对英国水蚀的实地评估（见4.1.1）。他们进一步指出，土地覆盖和土地管理的具体措施对于控制水蚀速率至关重要，而这些控制措施并未体现在RUSLE 2015使用的C和P因子中。鉴于此，Panagos等（2016a）作出了回应。他们认为在区域范围内的建模工作并不是为了准确预测某个地点（或地区）的侵蚀值，而是为了理解侵蚀过程的发展，提供情景分析或协助政策的制定。他们认为RUSLE 2015模型非常适用于这些目标。Evans和Boardman（2016b）进一步反驳了Panagos等（2016a）关于实地评估可行性的观点，并指出综合的实地评估与建模相结合的方法将大大有利于建模工作的发展。

在另一篇评论中，Fiener和Auerswald（2016）总结了之前评论中指出的RUSLE 2015中所采用的R和K因子存在的不足之处。另外，他们对C因子中忽略农作物差异的处理方法提出了质疑，例如利用RUSLE 2015中C因子计算德国小麦和玉米的结果几乎相同，这明显与事实不相符。此外，RUSLE 2015估测值与Cerdan等（2010）的结果之间存在巨大差异，且缺乏详细的探讨。Panagos等（2016b）对这一批评作出了详细的回应，主要观点是模型中每个因子中使用的方法都是独立公布的，具有公开性和透明性，并且这些因子和结果都可以与其他方法进行比较。

Borrelli等（2018）还利用RUSLE 2015评估了2001—2012年土地利用变化对全球水蚀的影响。他们发现2001年某些特定地区的土壤侵蚀平均值为2.8吨/（公顷·年），到2012年增加了2.5%，主要原因是全球土地利用发生了变化。全球有6.1%的土地侵蚀率超过了10吨/（公顷·年），这一数值被作为容许土壤流失量。在大陆范围内，就各大洲超过容许土壤流失率的面积比例而言，大洋洲最低（0.8%），南美洲最高（8.3%）。全球耕地的流失率 [12.7吨/

(公顷·年)] 比森林 [0.16吨/（公顷·年）] 高78倍，比其他自然植被地 [1.84 吨/（公顷·年）] 高6倍。与早前对RUSLE 2015应用的批评一致，作者承认除美国这一原始方程开发地以外，其他地区应用RUSLE 2015模型可能都会存在一些问题。

5.2　风力侵蚀和耕地侵蚀模型

区域和全球的风蚀估算是建立在模型和地球观测系统上的。在上文第4.1.3节，已经讨论了基于MODIS数据的全球估算。Chappell及其同事（2016，2019）提供了一个基于模型的估算值，该估算值利用了MODIS地表反照率数据、全球土地数据同化系统中的全球风速和土壤湿度数据，以及来自土壤网格的土壤数据。这些数据都可从谷歌地球引擎（Google Earth Engine）中获得（Chappell等，2019）。从2001年至2016年，每年的风蚀量被划分为五个等级，最高级别为1.0 ~ 7.0吨/（公顷·年）。风蚀速率最高的地区是北非、伊朗和阿富汗两国的边境地区，以及戈壁沙漠地区。风蚀第二等级 [0.1 ~ 1.0吨/（公顷·年）] 的地区包括伊朗和阿富汗的干旱地区、阿拉伯半岛、整个北非，以及美国、墨西哥、澳大利亚、阿根廷和智利的干旱地区。由风蚀造成土壤有机碳含量损失最大的地区发生在土壤有机碳含量高于沙漠地区的中度侵蚀区。

Van Oost等（2007）对水蚀和耕作侵蚀做了全球性的评估。对水蚀是基于RUSLE模型进行的估算，而耕作侵蚀是用坡度曲率和耕作运输系数的乘积来估算（见前一节讨论内容）。全球的坡度和曲度估测值来自GTOPO 30地形数据库（约1千米分辨率）和SRTM（90米分辨率）。其基于CORINE土地利用覆盖（100米分辨率）对可耕土地进行了模拟。模拟结果显示，全球耕地的水蚀比耕作侵蚀高出3倍以上 [12.1吨/（公顷·年）vs 3.5吨/（公顷·年）]，全球牧场的综合侵蚀率为3.5吨/（公顷·年）。Detterl等（2012）也提出了一个结合水蚀和耕作侵蚀的全球评估。他们的研究也利用的是USLE/RUSLE因子估算水蚀，但从文章中尚不清楚他们如何估算的耕作侵蚀。与其他的全球评估值相比，在他们所得到的侵蚀地图中，侵蚀速率高于30吨/（公顷·年）的土地范围更大，尤其是在山区（如阿尔卑斯山、安第斯山脉、美洲中部、东南亚、新西兰和智利中部）。

6 土壤可持续管理和土壤侵蚀控制

6.1 土壤侵蚀控制方法

采用适当的措施将土壤侵蚀维持在可接受的范围内是土壤可持续管理的一个重要组成部分（FAO，2017）。幸运的是，目前有大量可用技术措施以及相关信息可用于实现这一目标。例如"世界水土保持技术和方法纵览"（World Overview of Conservation Approaches and Technologies，WOCAT）等在线门户网站为具体方法和程序提供了丰富的信息来源。本章目的是简要回顾现有的各种措施，并回顾一些评估主要控制措施应用效果的文献。

《可持续土壤管理自愿准则》（Voluntary Guidelines for Sustainable Soil Management，VGSSM）提出了可用于控制土壤侵蚀的四大类措施（FAO，2017）。

第一类措施旨在尽量减少可以导致土壤侵蚀的土地利用变化（如砍伐森林或将草地变耕地等）。土地利用变化通过团聚体破碎和微气候变化引起矿化作用增强，加剧侵蚀损失，引起土壤有机碳的损失。最近的Meta分析研究揭示，森林或草原转化为耕地，原始土壤有机碳将损失30%～40%（Guo和Gifford，2002；Poeplau等，2011；Wei等，2014；Li等，2018）。Wei等（2014）和Li等（2018）的综述表明，森林和草原的相关研究不能说明热带和亚热带地区上的碳损失高于其他地区。

第二类和第三类减少侵蚀的措施是密切相关的，包括保护土壤表面免受侵蚀和最大限度减少坡面径流深度和速度。一些措施如免耕和少耕，既保护地表又减少径流，而其他措施，如梯田的建设和维护则更侧重于减少径流。

减少侵蚀的一个关键原则是维持地表植物或有机/非有机残留物的覆盖度，以保护土壤表面免受侵蚀。从本书的前几节内容可以看出植被覆盖对于降低风蚀和水蚀非常有效（图17、图18）。《可持续土壤管理自愿准则》中提出了许多建议采取的措施，主要有覆盖（塑料或生物覆盖）、少耕、免耕（注意减少除草剂的使用）、覆盖作物种植、生态农业、农机通行控制、连续植被覆盖和轮作、带状套作、农林混合、防护林，以及合理的放养率和放牧强度等。许多方法在过去的十年中已被证实是有效的。

减少径流速度和深度的措施通常包括在坡面，特别是在径流汇集的凹型坡面处设置物理屏障。梯田是这些物理措施中广为人知的，也是研究最多的，同时带状套作、等高种植、农林复合、横坡障碍物设置（如草带和等高地埂、碎石衬砌、草皮水道和植被缓冲带等措施）也是有效的（FAO，2017）（图26）。

最后，第四类措施旨在尽量减少土壤颗粒及其中的营养物质和其他污染物从土壤中流失。许多用于减少径流的措施也被用来截留径流中的沉积物。沉积物截留方法既能保证沉积物留在原地又能减少其流入河道系统中（Mekonnen等，2015）（图27）。河岸缓冲带、拦截坝、沉淀池、盆地和湿地都是可以有效减少沉积物异地影响的重要措施（Mekonnen等，2015）。

图26　圣多美地区为控制侵蚀修建梯田的过程　　图27　沟壑中的沉积物截留（马拉维，松巴）

6.2　免耕与侵蚀控制

使用最广泛的可以减少土壤侵蚀的措施是减少或避免对土壤表面的耕作，据统计，这一方法在2009年已达111兆公顷（Derpsch等，2010）。根据机械扰动程度和残留物的多少，这种措施又被称为免耕、零耕、少耕或保护性耕作。本书中统称该措施为免耕。少耕会导致残留物留在土壤表面。少耕是保护性农业的三种措施之一（其他措施是通过农作物残留物的保留形成永久性的土壤有机覆盖，以及采取包括覆盖作物在内的多种作物轮作方式）（Palm等，2014）。

最近，大量Meta分析研究对免耕和常规耕作进行了比较，并对免耕技术的收益和成本进行了探讨。Mhazo、Chivenge和Chaplot（2016）发现，免耕使温带气候地区土壤流失量下降了60%，但在亚热带和热带气候地区则没有产生明显变化。温带气候地区的降水径流量减少了33%，而在亚热带和热带气候地区对径流量减少作用却显著增加。Sun等（2015）发现，免耕对黏土含量较高（>33%）的土壤表面径流减少量没有显著影响，但对低黏土含量的土壤径流量却有显著降低作用。

尽管免耕对减少侵蚀和径流方面的作用（至少在温带地区）已得到明确证实，但对土壤有机碳水平方面的作用仍存在很多争议。一些Meta分析研究（Mangalassery等，2015）发现免耕可以使土壤中的有机碳增加，因此是一项可以缓解气候变化的有效措施，但其他人如Powlson等（2014）指出免耕确实是一种有效的应对措施，但将其作为削减措施则作用有限。

聚焦研究免耕对作物产量影响的Meta分析研究，解释了免耕在不同地区上的差异。Pittelkow等（2015）发现，免耕总体上使产量降低了5.1%，其中热带地区降低幅度最大，为15.1%；温带地区最小，为3.4%。在干旱气候条件下采用免耕的作用最大，因为免耕的使用提高了水的利用率。免耕导致的产量下降可通过补充足够的无机氮肥来弥补。Lundy等（2015）发现免耕条件下，将施肥量增加到每公顷（85±12）千克（以氮计）可以弥补热带和亚热带地区的产量下降。但需要承认的是，这远远高于目前许多地方的化肥施用量。

关于免耕的最后一点内容与它的社会效应有关。《内布拉斯加州宣言》的43位作者［国际农业研究磋商组织（CGIAR），2013］指出，农作物残留物的保留对于产量水平较低的地区，所能起到的侵蚀削减效果不大，如典型的撒哈拉沙漠以南的非洲和南亚等地。此外，农作物残留物作为饲料和燃料的价值非常高，占农作物总价值的很大一部分。因此，他们认为这些地区的农民不愿意采用免耕等措施，虽然这些做法往往会提供无形的中长期利益，但这减少了农民的当下收入。下一节内容将对此展开详述。

免耕及其对土壤功能和作物生产的影响带给我们一些重要启示。首先，免耕对减少水土流失的作用因地而异：免耕法导致温带地区短周期作物产量明显降低，且对亚热带和热带地区没有明显的收益。其次，免耕的优势需要同时配套相应的综合营养管理方案才能得以体现。最后，当地社会的接受程度是相关新措施成功实施的必要条件。

6.3 覆盖法及其他植被法

Prosdocimi等（2016）将覆盖法定义为：除土壤和种植的植被以外，在土壤表面起永久或半永久保护作用的任何物质，该方法被广泛应用于受火灾影响的地区、牧场和人类活动区以及农业环境中。Prodocimi、Tarolli和Cerda（2016）

在他们的综合分析中发现，相对于参比实验点，覆盖法可以导致平均含沙量、土壤流失和侵蚀速率、径流量和深度的减少或降低。具体的土壤流失平均减少量会随着评估方法不同而有差异：降雨模拟研究中的沉积物浓度平均减少68.9%，而径流场、拦砂网和沉积物收集法平均减少48.8%。尽管由于不同类型的覆盖物和使用程度导致覆盖法效果存在较大差异，但总体来说，他们都有效地降低了沉积物和径流量。

草地和灌木覆盖对风蚀的影响已经在第3.2.4节进行了讨论。

人工种植景观，如防护林或防风林（即垂直于主要风向的成排带状植被）是一项能够很好减少风蚀的措施，相关的文献记载了防护林最佳设计方法（Cornelius 和 Gabriels，2005）。然而，防护林降低了邻近农田的作物产量，而这些减产是农民们最关心的问题（Kowalchuk 和 de Jong，1995）。

6.4 沉积物截留及梯田法

利用植被措施，如种植草带、灌木和树障等可以减少现场和场外的径流量和沉积物截留量。这些措施的最大优点在于可以使用当地的草种或灌木种进行实施，事实上，很多地区已经因地制宜地采取了这类措施（图28）。

图28　侵蚀管理方法——仙人掌的坡面横向种植（墨西哥）

梯田作为一种减少径流速度和深度的有效措施，得到了广泛研究（Arnáez等，2015；Mekonnen等，2015；Wei等，2016）。梯田法改变了坡面的坡度，将连续的斜坡分割成一系列的水平台阶。该方法在农业上已有5 000年的历史（Wei等，2016）。许多研究表明，梯田可有效降低土壤侵蚀。例如，

Montgomery（2007）的研究表明，用于水稻生产的梯田可以将侵蚀率降低到接近自然地质的侵蚀率。

然而，梯田结构容易发生损坏，从而可能引发严重的地貌侵蚀。Wei等（2016）调查了60项失败梯田的案例，他们由此得出结论：由于缺乏相关认识而导致的梯田废弃、管理不善、设计不当是导致梯田工程失败的原因。梯田废弃现象在几乎所有存在梯田的地区都很普遍，尤其是在交通不便、人口稀少、劳动力老龄化的偏远地区（Arnáez等，2015）。由于建立梯田需要投入大量的人力和财力，因此未来不大可能对其进行广泛推广。

对于土壤可持续管理来说，沟壑的防治是一项特殊的挑战，因为相应的措施需要贯穿整个沟壑的排水区域（Vanentin等，2005）。一般情况下，多年生牧草或草本林下植被覆盖可以增加土壤的渗透能力，减少流向沟道的径流，同时通过植物根系降低沟壑的扩张。因此，在排水区种植草本植物或铺设林木覆盖物可减缓沟壑的扩张。这些措施在沟壑形成初期阶段是最有效的，但一旦发生土体和河床崩塌，类似的控制径流的措施就失效了。一些物理措施如拦截坝、石堤、围封也可有效延缓沟壑的扩张（图29）。然而，正如Vanentin、Poesen和Li（2005）提到的，所有的相关措施都需很长时间的修建和维护，因此这些措施的采用受到了很大限制。

图29　用于阻止沟蚀扩张进入村庄的拦截坝（马拉维，恩切乌）

7 土壤治理及社会经济因素驱动下的侵蚀管理

尽管有许多可用于防治土壤侵蚀的技术解决方案，但只有在被社会大众所认可和支持的情况下，这些解决方案才能成功实施。在过去的10年里，研究焦点已经从相关的政策转向了更为广泛的土壤治理。Juerges 和 Hansjürgens (2018) 将土壤治理定义为与各级政府和非政府机构土壤相关决策过程有关的一切正式和非正式导向，包括法律法规、监管制度、市场激励制度、条例、规范、习惯和态度。

从全球层面来看，有两套工具可用于解决土壤和土地退化问题：《联合国防治荒漠化公约》(United Nations Convention to Combat Desertification, UNCCD) 和全球土壤伙伴关系 (Global Soil Partnership, GSP) (Weigelt 等，2015)。《联合国防治荒漠化公约》是仅对干旱地区具有法律约束力的公约。全球土壤伙伴关系是一个自发成立的机构，自成立以来，已经颁布了几部不具法律约束力的文书，如《世界土壤宪章》修订版 (FAO，2015) 和《可持续土壤管理自愿准则》(FAO，2017)。此外，全球土壤伙伴关系支柱行动计划已经确定，并由地区和国家机构来实施这些准则 (Weigelt 等，2015)。

从区域上来看，欧盟土壤主题战略 (Soil Thematic Strategy of the European Union) 提供了较为完善的土壤治理方案，该战略协调了整个欧盟地区的土壤相关政策 (Montanarella 和 Panagos，2015)。该战略确立了四个核心支柱：通过土壤框架指令制定具有约束力的土壤保护法、将土壤保护纳入其他法律范畴、增加研究和提高认知。由于欧盟成员国之间没有达成协议，该立法支柱已被撤销。最近的一项研究分析发现，欧盟成员国之间在土壤保护方面存在巨大差异，该项研究认为缺乏合作已经限制了整个欧盟范围内土壤保护方面工作的有效性 (Ronchi 等，2019)。

土壤治理相关文献的一个主要焦点是不同的行为者在土壤侵蚀控制中所发挥的作用。许多研究认为政府的一个关键作用是确保土壤使用者的财产安全 (Juerges 和 Hansjürgens，2018；Shiferaw 等，2009；Weigelt 等，2015；Fairhead 和 Scoones，2005；Stocking，2003)。由于许多土壤保持措施短期效益不明显，只有在确保土地使用权时才能显现，因此缺乏保障的土地使用权是限制土壤侵蚀控制措施实施的主要障碍。Stocking (2003) 指出，土地使用权不固定的地方比如有移民和难民的地方，会存在土壤严重损害的风险。在这种情况下，土地使用者基础知识贫乏，而土壤开发对其生存至关重要，这会引发土壤的严重破坏。

是否采取土壤侵蚀控制措施通常是由土壤使用者来决定的，如农民或牧民。通过上文内容可以看出，如何将措施落实到位仍需要做许多的工作。

第一，发达国家和发展中国家的农民都会对预期成本和收益进行比较，然后投资于能够提供最高净收益的方案。而在某些情况下，农民所能达到的最高净收益只能是在放弃一些新的保护技术时才能达到。当农民采用相关的干预措施所支出的成本超过收益时，这些措施的实施就会受到极大的阻碍，除非社会愿意将一些成本内部化，并向农民提供补贴（详细讨论见下文）。Stocking（2003）以肯尼亚半干旱地区为例进行了解释说明，当地修建了用杂草和农作物残留物拦截沉积物和径流的垃圾带，尽管咨询服务机构从未提倡使用垃圾带，但通过计算10年的边际回报率和净现值，发现垃圾带几乎是唯一能持续造福农民生计且能维持土壤质量的技术，因此垃圾带被广泛采用。

第二，人们通常认为西方土壤保护研究人员所选用的方法和农民的实际需求存在显著差异，尤其是在发展中国家这一现象更为常见。Shiferaw、Okello和Reddy（2009）批评许多研究人员没有评估当地土壤使用者对土壤的认识水平，提出一些不适用于当地的土壤保护措施。他们认为未来水土保持项目应该灵活提供各种技术和管理手段，以满足不同资源使用者对这些手段的选择、测试、调整、采用或弃用。他们认为，农民的创新以及适应性试验过程可以使相关的技术措施与当地情况、耕作条件高度兼容。Fairhead和Scoones（2005）认为，农民往往会采用创造性的、灵活的方法，比如利用地形和微气候条件，利用作物、牲畜协同作用以及当地可用的输入型资源，在经济可行的情况下对改良土壤的技术进行投资。

第三，解决土壤侵蚀问题的研究项目往往过于关注地块或田间规模，但更大尺度或流域尺度上的研究往往对于解决侵蚀相关的土壤退化问题更有效。Scherr、Shames和Friedman（2012）提出了气候智慧景观的概念，根据这一概念，人们通过干预景观以满足多个目标，如人类福祉、粮食和纤维生产，以及包括侵蚀防控的生态系统服务功能保护。气候智慧景观的组成部分包括保护天然栖息地、恢复退化流域和牧场、采用少耕以降低侵蚀和增加土壤碳。作者认为保障这些参与性措施的执行需要采用制度化管理，努力让社会各界参与进来，并确保弱势人群或群体的生计得到保护或改善。

第四，在发达国家中，存在公有财产（如清洁水源和温室气体的储存）和个人财产之间的根本性差异。在大多数情况下，土壤管理权以个人财产的形式掌握在拥有土地全部产权的所有者手中（Juerges和Hansjurgens，2018）。这使得土壤治理往往取决于土壤所有者是否自愿通过土壤治理使他们的土地实现可持续性管理。许多土地使用者认为，公共监管机构干涉了他们的财产权。私人财产（如食品）和公共财产（如温室气体的储存、净化水以及生物多样性）的混杂给土壤治理带来了巨大挑战。

个人利益和为了公共利益所需要采取行动之间的矛盾，可以以社会负担生态系统服务维护成本的方式解决。例如，增加农田碳储量或减少水道农业污染的相应侵蚀控制措施，通常不能给农民带来切实的利益，为了满足保障公共利益的需求，可以采取经济激励措施。然而，为加强生态系统服务保护，计算适当的土壤管理措施所需补贴金额一直是一个重大挑战（Juerges 和 Hansjürgens，2018）。

当前，有很多文献都对生态系统服务付费设计进行了研究。Wunder 等（2018）表明，生态系统服务付费设计的实施结果往往难以达到它们推出时的高预期。他们发现，强制执行（即监督合同的遵守情况，并在发现土地所有者不遵守时实施制裁）是充分实施生态系统服务付费设计的关键瓶颈。出现瓶颈的主要原因是相关监测的实施成本太高，并且强制执行是一个政治敏感性问题。生态系统服务付费项目实施时存在的另一个更根本的问题是其不可能既改善生计和增强生态系统服务功能，又降低成本（Jack，Kousky 和 Sims，2008）。达成这些目标所需要的权衡，使生态系统服务付费设计变得更复杂。

总之，构建完善的激励政策来鼓励和奖励侵蚀控制措施的实施，与正确选择侵蚀控制技术措施同等重要。许多研究都提出的一个明确信息是，成功的激励政策的出台需要自然科学和社会科学研究团队以尊重和合作的方式与土地使用者进行协作，并从科学和经验两方面来进行相关知识的总结。

8 未来的发展趋势

从前几章的内容可以清楚地看出，当前我们对于土壤侵蚀的许多领域，如水蚀、风蚀和耕作侵蚀下的土壤剥蚀、搬运和沉积等过程的物理学基础和主控因素等都有了深入的理解。与此同时，也可以看出来当前土地使用者和土壤科研人员已经开发了许多适用范围广、应用效果好的土壤侵蚀控制措施，这些措施已经在一些地方成功地被实施，并将侵蚀造成的损失限制在可接受范围内。

与此同时，Boardman（2006）提出了许多关于土壤侵蚀的重要问题，但在他文章发表后的13年里（甚至包括文章发表以前70年的侵蚀研究中）都没有得到令人满意的解决方案。在将来，土壤侵蚀领域的相关研究最为理想的前进方向应该是专注于遗留下来的重要问题、制定相应的研究方案、进行相应技术的推广、制定相应的政策和支持方案，从而在这些问题上取得重大进展。

8.1 土壤侵蚀发生在哪些地方

Boardman（2006）提到的问题之一是"严重的侵蚀发生在哪些地方？"（即侵蚀热点地区）。他根据实地调查数据和观察证据提供了一个初步的全球侵蚀热点地区名单。Boardman（2006）提出的热点地区，可以与一些基于模型、田块研究和遥感数据的模拟结果进行比对（表6）。

表6 模型研究结果与 Boardman（2006）提出的侵蚀热点地区的对比

国家／地区（Boardman，2006）	Borrelli 等（2018） [水蚀，吨／（公顷·年）]	其他研究
中国，黄土高原，长江流域	20～50	
埃塞俄比亚	埃塞俄比亚中北部为20～50	
斯威士兰	1～10	
莱索托	10至>50	
安第斯山脉	10至>50	
印度、巴基斯坦、阿富汗	兴都库什到克什米尔为10至>50	沙尘天气时常发生（Ginoux 等，2012）
泰国	1～10	
越南	越南北部为10至>50	

（续）

国家／地区（Boardman，2006）	Borrelli 等（2018） [水蚀，吨／（公顷·年）]	其他研究
地中海流域	1 ~ 10，热点地区分散 摩洛哥北部为10 ~ 50	西班牙东南部、科西嘉岛、西西里岛、亚平宁（意大利）、克里特岛、希腊西部为20 ~ 50吨/（公顷·年）（Panagos 等，2015） 地中海地区耕地的侵蚀速率只有欧洲其他地区的13%（Cerdan 等，2010）
冰岛	热点地区分散	
马达加斯加岛	马达加斯加中部为10至>50	
喜马拉雅山脉	喜马拉雅山南面为10至>50	
西非萨赫勒	3 ~ 10	0.1 ~ 7.0吨/（公顷·年）（Chappell 等，2019） 人为影响为20% ~ 60%（Ginoux 等，2012）
海地	10至>50	
墨西哥	韦拉克鲁斯州南部地区为10至>50	
尼加拉瓜	在科迪勒拉地区为10至>50	
Borrelli 等（2018）提供的热点地区，未包含在Boardman（2006）的列表里		
美国中西部，密西西比河流域上游	10 ~ 20，其中热点地区为20至>50	由美国和加拿大侵蚀地图而得（Hempel 等，2015）
巴西南部	20至>50	
卢旺达和布隆迪	20至>50	
尼日利亚	20 ~ 50，沿海和中部地区	
阿拉斯加北海岸，东西伯利亚山区	10 ~ 20	

  总体来看，Boardman（2006）提出的热点地区与Borrelli 等（2018）以及其他来源的研究对比结果基本保持一致：Boardman 提供的一些地点（如斯威士兰和泰国）不包含在Borrelli 等研究结果的列表中，Borrelli 等提出的一些热点地区也不包含在Boardman 提供的列表中。与此同时，对于研究比较深入的地区，如欧洲的地中海地区，他们的研究结果却高度不一致：Boardman（2006）和Panagos 等（2015）指出该地区侵蚀率较高，而Borrelli 等（2018）和Cerdan 等（2010）预测该地区总体的侵蚀发生率较低。Cerdan 等（2010）认为地中海地区侵蚀发生率低的原因在于该地区土壤中的岩石碎片含量高，它们可以减少面蚀和细沟侵蚀。

  对预测的热点地区进行对比的结果印证了 Boardman（2006）的论述，即任何对侵蚀热点地区的分析都说明当前迫切需要基于遥感、建模和实地检查对全球土壤退化评价（Global Assessment of Land Degradation）进行更新。理想情况下，还应分析热点地区土壤的脆弱性及其发生的不可逆变化。

8.2　侵蚀的严重性及代价

全球关于侵蚀速率和容许土壤流失速率的评估存在巨大差异，造成差异的很大原因是所选择的评估方法不同。从科学的角度来说，产生差异是正常的，但这些差异给科学研究者设下了难题，因为这些差异很难引起土壤使用者、决策者和政治家的重视，而这些人恰恰对土壤控制措施的制定和实施至关重要。理想情况下，在对某一地点的土壤侵蚀速率进行估测时，往往还需要结合当地的容许土壤流失量，以便于决策者能充分认识到实施土壤侵蚀控制措施的紧迫性。

通过田间测定和模型模拟，不少研究已经估测了土壤侵蚀对农作物生产力的负面影响，并证明在许多情况下其影响较小。然而，土壤侵蚀对特定场地研究的负面影响要大很多，如之前提到的，针对性研究内容还应包括土壤易遭受侵蚀的程度。

土壤侵蚀的严重性问题还必须扩展到其对水和空气质量的影响：在美国的中西部地区，农业污染对地表水道和海洋造成了严重的污染问题，这很大程度上是由农田的土壤侵蚀造成的。联合国粮农组织在《世界土壤宪章》修订版（FAO，2015）的土壤可持续管理中定义了更大范围的土壤生态系统服务功能，这些应当被涵盖到土壤侵蚀的负面影响中。

8.3　侵蚀率持续上升的原因及对此我们该怎么做

由于侵蚀是一个严重的问题，了解侵蚀的社会和经济驱动因素对于理解社会对侵蚀威胁的反应（或缺乏的反应）至关重要。我们已经确定了两个首要问题。首先，侵蚀产生的许多影响发生在场外，对于土地使用者来说，实施侵蚀控制措施以尽量减少这些场外影响对他们而言没有直接的好处。

其次，许多侵蚀控制措施需要很长时间才能产生明显的有益效果，这限制了它们被采用，尤其是对没有土地使用权的土壤使用者而言，很难实施这些措施。在特定地区也有非常严重的问题，例如，非洲地区对农作物残体的竞争性使用限制了通过田间残留物控制侵蚀的可行性。

当前，有三种主要手段可以促进土壤控制措施的采用：加强宣传，让人们自愿采用控制措施；监管与有效执行相结合；经济激励措施。通过这三种方法的平衡来促使人们采用相关的侵蚀控制措施，在实际中仍面临着许多困难，在土壤治理各个层面上存在的问题也应得到更多关注。

参考文献

Adhikari, B. & Nadella, K. 2011. Ecological economics of soil erosion: a review of the current state of knowledge. *Annals of the New York Academy of Sciences,* 1219:134-152.

Amundson, R., Berhe, A. A., Hopmans, J. W., Olson, C., Sztein, A. E. & Sparks, D. L. 2015. Soil and human security in the 21st century. *Science,* 348(6235): 1261071-1 to 1261071-6.

Arnáez, J., Lana-Renault, N., Lasanta, T., Ruiz-Flaño, P. & Castroviejo, J. 2015. Effects of farming terraces on hydrological and geomorphological processes. A review. *Catena,* 128: 122-134.

Asfaw, S., Orecchia, C., Pallante, G., & Palma, A. 2018. *Soil and nutrients loss in Malawi: an economic assessment.* FAO, UNDP-UNEP Poverty- Environment Initiative, and Ministry of Agriculture, Irrigation and Water development, Malawi.

Bakker, M. M., Govers, G. & Rounsevell, M. D. A. 2004. The crop productivity-erosion relationship: an analysis based on experimental work. *Catena,* 57(1): 55-76.

Bennett, S. J. & Wells, R. R. Gully erosion processes, disciplinary fragmentation, and technological innovation. *Earth Surface Processes and Landforms,* 44(1): 46-53.

Boardman, J. 2006. Soil erosion science: reflections on the limitations of current approaches. *Catena,* 68(2-3):73-86.

Borrelli, P., Robinson, D. A., Fleischer, L. R., Lugato, E., Ballabio, C., Alewell, C., Meusburger, K., Modugno, S., Schutt, B., Ferro, V. et al. 2017. An assessment of the global impact of 21st century land use change on soil erosion. *Nature Communications,* 8(1):2013.

Bryan, R. B. 2000. Soil erodibility and processes of water erosion on hillslope. *Geomorphology,* 32: 385-415.

Bui, E., Hancock, G., & Wilkinson, S. 2011. 'Tolerable' hillslope soil erosion rates in Australia: Linking science and policy. *Agriculture, Ecosystems, and Environment,* 144: 136-140.

Castillo, C. & Gómez, J. A. 2016. A century of gully erosion research: urgency, complexity and study approaches. *Earth-Science Reviews,* 160:300-319.

Cerdan, O., Govers, G., Le Bissonnais, Y., Van Oost, K., Poesen, J., Saby, N., Gobin, A., Vacca, A., Quinton, J., Auerswald, K. et al. 2010. Rates and spatial variations of soil erosion in Europe: a study based on erosion plot data. *Geomorphology,* 122(1-2):167-177.

CGIAR. 2013. The Nebraska Declaration on Conservation Agriculture. CGIAR Independent Science and Partnership Council. [cited 10 April 2019). Available at *https://ispc. cgiar. org/sites/ default/files/ISPC_StrategyTrends_ ConservationAgriculture_NebraskaDeclaration. pdf.*

Chappell, A. & Webb, N. 2016. Using albedo to reform wind erosion modelling, mapping and monitoring. *Aeolian Research*, 23: 63-78.

Chappell, A., Webb, N. P., Leys, J. F., Waters, C. M., Orgill, S., & Eyres, M. J. 2019. Minimising soil organic carbon by wind is critical for land degradation neutrality. *Environmental Science and Policy*, 93: 43-52.

Chappell, A., Webb, N. P., Butler, H. J., Strong, C. L., McTainsh, G. H., Leys, J. F. & Viscarra Rossel, R. A. 2013. Soil organic carbon dust emission: an omitted global source of atmospheric CO_2. *Global Change Biology*, 19(10):3238-3244.

Clearwater, R. L., T. Martin and T. Hoppe (eds.)2016. Environmental sustainability of Canadian agriculture: Agri-environmental indicator report series – Report #4. Agriculture and Agri-Food Canada. Ottawa, Canada.

Cordell, D., Drangert, J. -O. & White, S. 2009. The story of phosphorus: Global food security and food for thought. *Global Environmental Change*, 19(2):292-305.

Cornelius, W. M. & Gabriels, D. 2005. Optimal windbreak design for wind- erosion control. *Journal of Arid Environments*, 61: 315-332.

Crosson, P. 2003. Global consequences of land degradation: an economic perspective. In K. Wiebe, ed. *Land Quality, Agricultural Productivity, and Food Security*, pp. 36-46. Cheltenham, UK, Edward Elgar.

D'Odorico, P., Bhattachan, A., Davis, K. F., Ravi, S. & Runyan, C. W. 2013. Global desertification: drivers and feedbacks. *Advances in Water Resources*, 51:326-344.

Den Biggelaar, C., Lal, R., Eswaran, H., Breneman, V. E. & Reich, P. F. 2003. Crop losses to soil erosion at regional and global scales: evidence from plot-level and GIS data. In K. Wiebe, ed. *Land Quality, Agricultural Productivity, and Food Security*, pp. 262-279. Cheltenham, UK, Edward Elgar.

Derpsch, R., Friedrich, T., Kassam, A. & Hongwen, L. 2010. Current status of adoption of no-till farming in the world and some of its main benefits. *International Journal of Agricultural and Biological Engineering*, 3: 1-26.

Di Stefano, C. & Ferro, V. 2016. Establishing soil loss tolerance: an overview. *Journal of Agricultural Engineering*, 47:127-133.

Diaz, S., Pascual, U., Stenske, M., Martin-Lopez, B., Watson, R. T., Molnar, Z., Hill, R., Chan, K. M. A., Baste, I. A., Brauman, K. et al. 2018. Assessing nature's contributions to people. *Science*, 359: 270-272.

Doetterl, S., Van Oost, K. & Six, J. 2012. Towards constraining the magnitude of global agricultural sediment and soil organic carbon fluxes. *Earth Surface Processes and Landforms*, 37(6):642-655.

Doetterl, S., Berhe, A. A., Nadeu, E., Wang, Z., Sommer, M. & Fiener, P. 2016. Erosion, deposition and soil carbon: a review of process-level controls, experimental tools and models to address C cycling in dynamic landscapes. *Earth-Science Reviews,* 154:102-122.

Duan, X., Shi, X., Li, Y., Rong, L. & Fen, D. 2016. A new method to calculate soil loss tolerance for sustainable soil productivity in farmland. *Agronomy for Sustainable Development,* 37(1).

Dunne, T. and Leopold. L. B. 1978. *Water in environmental planning.* San Francisco, USA, Freeman and Company.

Evans, R. 2013. Assessment and monitoring of accelerated water erosion of cultivated land - when will reality be acknowledged? *Soil Use and Management* 29(1):105-118.

Evans, R. & Boardman, J. 2016a. The new assessment of soil loss by water erosion in Europe. Panagos P. *et al.,* 2015 *Environmental Science & Policy* 54, 438–447 — A response. *Environmental Science & Policy,* 58: 11-15.

Evans, R. & Boardman, J. 2016b. A reply to Panagos *et al.,* 2016 (*Environmental Science & Policy* 59, 53–57). *Environmental Science & Policy,* 60:63-68.

Fairhead, J. & Scoones, I. 2005. Local knowledge and the social shaping of soil investments: critical perspectives on the assessment of soil degradation in Africa. *Land Use Policy,* 22(1): 33-41.

FAO. 2015. *Revised World Soil Charter.* Food and Agriculture Organization of the United Nations. Rome. 10 pp. (also available at *http://www. fao. org/ documents/card/en/c/e60df30b-0269-4247-a15f-db564161fee0/*).

FAO. 2017. *Voluntary guidelines for sustainable soil management.* Food and Agriculture Organization of the United Nations. Rome. 26pp. (also available at *http://www. fao. org/3/a-bl813e. pdf*).

FAO & ITPS. 2015. *Status of the world's soil resources – main report.* Food and Agriculture Organization of the United Nations and Intergovernmental Technical Panel on Soils. Rome. 649pp. (also available at *http://www. fao. org/3/a-i5199e. pdf*).

Fiener, P. & Auerswald, K. 2016. Comment on "The new assessment of soil loss by water erosion in Europe" by Panagos *et al.* (*Environmental Science & Policy* 54 (2015) 438–447). *Environmental Science & Policy,* 57:140-142.

Fiener, P., Wilken, F., Aldana-Jague, E., Deumlich, D., Gómez, J. A., Guzmán, G., Hardy, R. A., Quinton, J. N., Sommer, M., Van Oost, K. et al. 2018. Uncertainties in assessing tillage erosin-how appropriate are our measuring techniques? *Geomorphology,* 304: 214-225.

Foster, G. R., Toy, T. E., & Renard, K. G. 2003. Comparison of the USLE, RUSLE1. 06 and RUSLE2 for application to highly disturbed lands. In K. G. Renard, S. A. McIlroy, W. J. Gburek, H. E Cranfield, & R. L. Scott, eds. *First Interagency Conference on Research in Watersheds, October 27–30, 2003.* US Department of Agriculture.

Fryrear, D. W. 2012. Soil cover and wind erosion. *Transactions of the ASAE,* 28: 781-784.

Fryrear, D. W. 2012. Wind Erosion. In P. M. Huang, Y. Li & M. E. Sumner, eds. *Handbook of soil sciences resource management and environmental impacts, second edition*, pp. 23-1 to 23-19. Boca Raton, USA, CRC Press.

García-Ruiz, J. M., Beguería, S., Lana-Renault, N., Nadal-Romero, E. & Cerdà, A. 2017. Ongoing and emerging questions in water erosion studies. *Land Degradation & Development,* 28(1):5-21.

Ginoux, P., Prospero, J. M., Gill, T. E., Hsu, N. C., & Zhao, M. 2012. Global-scale attribution of anthropogenic and natural dust sources and their emission rates based on MODIS Deep Blue Aerosol products. *Review of Geophysics,* 50: RG3005 (on-line, cited 15 March 2019) *https:// agupubs. onlinelibrary. wiley. com/doi/10. 1029/2012RG000388.*

Goossens, D. & Offer, Z. Y. 1997. Aeolian dust erosion on different types of hills in a rocky desert: wind tunnel simulations and field measurements. *Journal of Arid Environments,* 37: 209-229.

Goudie, A. S. 2014. Desert dust and human health disorders. *Environment International,* 63.

Govers, G., Lobb, D. & Quine, T. 1999. Tillage erosion and translocation: emergence of a new paradigm in soil erosion research. *Soil and Tillage Research*, 51: 167-174.

Guo, L. B. & Gifford, R. M. 2002. Soil carbon stocks and land use change: a meta analysis. *Global Change Biology.* 8: 345-360.

Harden, J. W., Sharpe, J. M., Parton, W. J., Ojima, D. S., Fries, T. L., Huntington, T. G., & Dabney, S. M. 1999. Dynamic replacement and loss of soil carbon on eroding cropland. *Global Biogeochemical Cycles,* 13: 885-901.

Harmel, D., Potter, S., Casebolt, P., Reckhow, K., Green, C. & Haney, R. 2006. Compilation of measured nutrient load data for agricultural land uses in the United States. *Journal of American Water Research Association*, 42: 1163- 1178.

Jack, B. K., Kousky, C. & Sims, K. R. 2008. Designing payments for ecosystem services: lessons from previous experience with incentive- based mechanisms. *Proceedings of the National Academy of Sciences of the United States of America,* 105(28): 9465-9470.

Juerges, N. & Hansjürgens, B. 2018. Soil governance in the transition towards a sustainable bioeconomy – A review. *Journal of Cleaner Production,* 170: 1628-1639.

Kinnell, P. I. A. 2016. A review of the design and operation of runoff and soil loss plots. *Catena,* 145: 257-265.

Kondolf, G. M., Gao, Y., Annandale, G. W., Morris, G. L., Jiang, E., Zhang, J., Cao, Y., Carling, P., Fu, K., Guo, Q. et al. 2014. Sustainable sediment management in reservoirs and regulated rivers: experiences from five continents. *Earth's Future,* 2: 256-280.

Kowalchuk, T. & de Jong, E. 1995. Shelterbelts and their effect on crop yield. *Canadian Journal* *of Soil Science*, 75: 543-550.

Lal, R. 2019. Accelerated soil erosion as a source of atmospheric CO2. *Soil and Tillage Research*, 188: 35-40.

Lal, R, & Elliot, W. 1994. Erodibility and Erosivity. In R. Lal , ed. *Soil erosion research methods. Second Edition*. Pp. 181-210. Soil and Water Conservation Society and St. Lucie Press, Florida, USA.

Larson, W. E. & Pierce, F. J. 1994. The dynamics of soil quality as a measure of sustainable production. In J. Doran, D. C. Coleman, D. F. Bezdicek & B.

A. Stewart, Eds. *Defining soil quality for a sustainable environment*. Soil Science Society of America Special Publication No 35, pp. 37-51. Madison, USA, Soil Science Society of America and American Society of Agronomy.

Li, S., Lobb, D. A., Lindstrom, M. J., Papiernik, S. K. & Farenhorst, A. 2008. Modeling tillage-induced redistribution of soil mass and its constituents within different landscapes. *Soil Science Society of America Journal*, 72(1): 167-179.

Li, W., Ciais, P., Guenet, B., Peng, S., Chang, J., Chaplot, V., Khudyaev, S., Peregon, A., Piao, S., Wang, Y. and others. 2018. Temporal response of soil organic carbon after grassland-related land-use change. *Global Change Biology*, 24(10): 4731-4746.

Lobb, D. A., Kachanoski, G. & Miller, M. H. 1999. Tillage translocation and tillage erosion in the complex upland landscapes of southwestern Ontario, Canada. *Soil & Tillage Research*, 51: 189-209.

Lugato, E., Paustian, K., Panagos, P., Jones, A. & Borrelli, P. 2016. Quantifying the erosion effect on current carbon budget of European agricultural soils at high spatial resolution. *Global Change Biology*, 22: 1976-1984.

Lundy, M. E., Pittelkow, C. M., Linquist, B. A., Liang, X., van Groenigen, K. J., Lee, J., Six, J., Venterea, R. T. & van Kessel, C. 2015. Nitrogen fertilization reduces yield declines following no-till adoption. *Field Crops Research*, 183: 204-210.

Lupia-Palmieri E. 2004. Erosion. In A. S. Goudie, ed. *Encyclopedia of Geomorphology*, pp. 331–336. London, UK, Routledge.

Mabit, L., Meusburger, K., Fulajtar, E. & Alewell, C. 2013. The usefulness of ^{137}Cs as a tracer for soil erosion assessment: a critical reply to Parsons and Foster (2011). *Earth-Science Reviews*, 127: 300-307.

Mabit, L., Bernard, C., Yi, A. L. Z., Fulajtar, E., Dercon, G., Zaman, M., Toloza, A. & Heng, L. 2018. Promoting the use of isotopic techniques to combat soil erosion: an overview of the key role played by the SWMCN Subprogramme of the Joint FAO/IAEA Division over the last 20 years. *Land Degradation & Development*, 29: 3077-3091.

Mangalassery, S., SjÖGersten, S., Sparkes, D. L. & Mooney, S. J. 2015. Examining the potential for climate change mitigation from zero tillage. *The Journal of Agricultural Science,* 153(07): 1151-1173.

Mekonnen, M., Keesstra, S. D., Stroosnijder, L., Baartman, J. E. M. & Maroulis, J. 2015. Soil conservation through sediment trapping: a review. *Land Degradation & Development,* 26(6): 544-556.

Mhazo, N., Chivenge, P. & Chaplot, V. 2016. Tillage impact on soil erosion by water: discrepancies due to climate and soil characteristics. *Agriculture, Ecosystems & Environment,* 230: 231-241.

Montanarella, L., & Panagos, P. 2015. Policy relevance of critical zone science. *Land Use Policy,* 49: 86-91.

Montgomery, D. R. 2007. Soil erosion and agricultural sustainability. *Proceedings of the National Academy of Sciences of the United States of America,* 104(33):13268-13272.

Oldeman, L. R., van Engelen, V. W. P. & Pulles, J. H. M. 1991. The extent of human-induced soil degradation. In L. R. Oldeman, R. T. A. Hakkeling & W. G. Sombroek, eds. *World map of the status of human-induced soil degradation: an explanatory note*, pp. 27-33. Wageningen, Netherlands, International Soil Reference and Information Centre & Nairobi, United Nations Environment Programme.

Oldeman, L. R., Hakkeling, R. T. A., & Sombroek, W. G. 1991. *World Map of the status of human- induced soil degradation.* Wageningen, Netherlands, GLASOD-ISRIC.

Owens, P. N., Batalla, R. J., Collins, A. J., Gomez, B., Hicks, D. M., Horowitz, A. J., Kondolf, G. M., Marden, M., Page, M. J., Peacock, et al. 2005. Fine-grained sediment in river systems: environmental significance and management issues. *River Research and Applications,* 21: 693-717.

Palm, C., Blanco-Canqui, H., DeClerck, F., Gatere, L. & Grace, P. 2014. Conservation agriculture and ecosystem services: an overview. *Agriculture, Ecosystems & Environment,* 187: 87-105.

Palmieri, A., Shah, F., Annandale, G. W., & Dinar, A. 2003. *Reservoir conservation: the RESCON approach.* Washington, D. C., World Bank.

Pandey, A., Himanshu, S. K., Mishra, S. K. & Singh, V. P. 2016. Physically based soil erosion and sediment yield models revisited. *Catena,* 147: 595- 620.

Panagos, P., Standardi, G., Borrelli, P., Lugato, E., Montanarella, L., & Bosello, F. 2018. Cost of agricultural productivity loss due to soil erosion in the European Union: from direct cost evaluation approaches to the use of macroeconomic models. *Land Degradation & Development,* 29: 471-484.

Panagos, P., Borrelli, P., Poesen, J., Ballabio, C., Lugato, E., Meusburger, K., Montanarella, L.

& Alewell, C. 2015. The new assessment of soil loss by water erosion in Europe. *Environmental Science & Policy,* 54: 438-447.

Panagos, P., Borrelli, P., Poesen, J., Meusburger, K., Ballabio, C., Lugato, E., Montanarella, L. & Alewell, C. 2016a. Reply to "The new assessment of soil loss by water erosion in Europe. Panagos P. *et al.,* 2015 *Environmental Science and Policy* 54, 438–447 — A response" by Evans and Boardman (*Environmental Science & Policy* 58, 11–15). *Environmental Science & Policy,* 59: 53-57.

Panagos, P., Borrelli, P., Poesen, J., Meusburger, K., Ballabio, C., Lugato, E., Montanarella, L. & Alewell, C. 2016b. Reply to the comment on "The new assessment of soil loss by water erosion in Europe" by Fiener & Auerswald. Environmental Science & Policy, 57:143-150.

Panagos, P., Ballabio, C., Borrelli, P., Meusburger, K., Klik, A., Rousseva, S., Tadic, M. P., Michaelides, S., Hrabalikova, M., Olsen, P. et al. 2015. Rainfall erosivity in Europe. *Science Total Environment,* 511: 801-14.

Parsons, A. J. & Foster, I. D. L. 2011. What can we learn about soil erosion from the use of ^{137}Cs? *Earth-Science Reviews,* 108: 101-113.

Pennock, D. J. 1997. Effects of soil redistribution on soil quality: pedon, landscape, and regional scales. In E. G. Gregorich & M. R. Carter, eds. *Soil quality for crop production and ecosystem health,* pp. 167-186. Amsterdam, Elsevier.

Pennock, D. J. & Appleby, P. G. 2003. Site selection and sampling design. In F. Zapata, ed. *Handbook for the assessment of soil erosion and sedimentation using environmental radionuclides,* pp. 59-65. Amsterdam, Kluwer.

Pittelkow, C. M., Linquist, B. A., Lundy, M. E., Liang, X., van Groenigen, K. J., Lee, J., van Gestel, N., Six, J., Venterea, R. T. & van Kessel, C. 2015. When does no-till yield more? A global meta-analysis. *Field Crops Research,* 183: 156-168.

Poeplau, C., Don, A., Vesterdal, L., Leifeld, J., Van Wesemael, B. A. S., Schumacher, J. & Gensior, A. 2011. Temporal dynamics of soil organic carbon after land-use change in the temperate zone - carbon response functions as a model approach. *Global Change Biology,* 17(7): 2415-2427.

Poesen, J. 2018. Soil erosion in the Anthropocene: research needs. *Earth Surface Processes and Landforms,* 43(1): 64-84.

Powlson, D. S., Stirling, C. M., Jat, M. L., Gerard, B. G., Palm, C. A., Sanchez, P. A. & Cassman, K. G. 2014. Limited potential of no-till agriculture for climate change mitigation. *Nature Climate Change,* 4: 678- 683.

Prosdocimi, M., Tarolli, P. & Cerdà, A. 2016. Mulching practices for reducing soil water erosion: a review. *Earth-Science Reviews,* 161: 191- 203.

Ravi, S., Breshears, D. D., Huxman, T. E. & D'Odorico, P. 2010. Land degradation in drylands: Interactions among hydrologic–aeolian erosion and vegetation dynamics. *Geomorphology*, 116(3-4): 236-245.

Ronchi, S., Salata, S., Arcidiacono, A., Piroli, E. & Montanarella, L. 2019. Policy instruments for soil protection among the EU member states: a comparative analysis. *Land Use Policy*, 82: 763-780.

Sadeghi, S. H. R., Gholami, L., Khaledi Darvishan, A., & Saeidi, P. 2014. A review of the application of the MUSLE model worldwide. *Hydrological Sciences Journal*, 59: 365-375.

Sayyah, A., Horenstein, M. N. & Mazumder, M. K. 2014. Energy yield loss caused by dust deposition on photovoltaic panels. *Solar Energy*, 107: 576-604.

Scherr, S. J. 2003. Productivity-relatedeconomicimpactsofsoildegradation in developing countries: an evaluation of regional experience. In K. Wiebe, ed. *Land quality, agricultural productivity, and food security*, pp. 223-261. Cheltenham, UK, Edward Elgar.

Shao, Y., Raupach, M. R. & Leys, J. F. 1996. A model for predicting aeolian sand drift and dust entrainment on scales from paddock to region. *Australian Journal of Soil Research*, 34: 309-42.

Shao, Y., Wyrwoll, K. -H., Chappell, A., Huang, J., Lin, Z., McTainsh, G. H., Mikami, M., Tanaka, T. Y., Wang, X. & Yoon, S. 2011. Dust cycle: an emerging core theme in Earth system science. *Aeolian Research*, 2(4): 181- 204.

Shiferaw, B. A., Okello, J. & Reddy, R. V. 2007. Adoption and adaptation of natural resource management innovations in smallholder agriculture: reflections on key lessons and best practices. *Environment, Development and Sustainability*, 11(3): 601-619.

Sidle, R. C., Jarihani, B., Kaka, S. I., Koci, J. & Al-Shaibani, A. 2018. Hydrogeomorphic processes affecting dryland gully erosion: implications for modelling. *Progress in Physical Geography: Earth and Environment*, 43(1): 46-64.

Soil Science Society of America, 2001. *Glossary of Soil Science Terms*. Soil Science Society of America, Inc., Madison WI, p. 140.

Steffen, W., Richardson, K., Rockstrom, J., Cornell, S. E., Fetzer, I., Bennett, E. M., Biggs, R., Carpenter, S. R., de Vries, W., de Wit, C. A. and others. 2015. Sustainability. Planetary boundaries: guiding human development on a changing planet. *Science*, 347(6223):1259855-1 to 1259855-10.

Stocking, M. A. 2003. Tropical soils and food security: the next 50 years. *Science*, 302: 1356-1359.

Stocking, M. A. & Murnaghan, N. 2001. *Handbook for the field assessment of land degradation*. London, UK, Earthscan Publications Ltd. 169 pp.

Stocking, M. A. & Tengberg, A. 1999. Erosion-induced loss in soil productivity and its impacts on agricultural production and food security. In H. Nabhan, A. M. Mashali, & A. R. Mermut, eds. *Integrated Soil Management for Sustainable Agriculture and Food Security in Southern and East Africa,* pp. 91-120. Rome, FAO. (Also available at *http://www. fao. org/tempref/agl/agll/ docs/misc23. pdf*).

Sun, Y., Zeng, Y., Shi, Q., Pan, X. & Huang, S. 2015. No-tillage controls on runoff: a meta-analysis. *Soil and Tillage Research,* 153: 1-6.

Torri, D. & Borselli, L. 2012. Water erosion. In P. M. Huang, Y. Li & M. Sumner, eds. *Handbook of soil sciences resource management and environmental impacts, second edition*, pp. 22-1 to 22-9. Boca Raton, USA, CRC Press.

Torri, D. & Poesen, J. 2014. A review of topographic threshold conditions for gully head development in different environments. *Earth-Science Reviews*, 130: 73-85.

Valentin, C., Poesen, J. & Li, Y. 2005. Gully erosion: impacts, factors and control. *Catena,* 63(2-3): 132-153.

Vanmaercke, M., Maetens, W., Poesen, J., Jankauskas, B., Jankauskiene, G., Verstraeten, G. & de Vente, J. 2012. A comparison of measured catchment sediment yields with measured and predicted hillslope erosion rates in Europe. *Journal of Soils and Sediments,* 12(4): 586-602.

Van Oost, K. & Bakker, M. M. 2012. Soil productivity and erosion. In D. H. Wall, R. D. Bardgett, V. Behan-Pelletier, J. E. Herrick, H. Jones, K. Ritz, J. Six, D. R. Strong, & W H. van der Putten, eds. *Soil ecology and ecosystem services*, pp. 301-314. Oxford, UK, Oxford University Press.

Van Oost, K., Govers, G., de Alba, S. & Quine, T. A. 2006. Tillage erosion: a review of controlling factors and implications for soil quality. *Progress in Physical Geography,* 30(4): 443-466.

Van Oost, K., Cerdan, O. & Quine, T. A. 2009. Accelerated sediment fluxes by water and tillage erosion on European agricultural land. *Earth Surface Processes and Landforms,* 34(12): 1625-1634.

Van Oost, K., Govers, G., Van Muysen, W., Heckrath, G., & Quine, T. A. 2003. Simulation of the redistribution of soil by tillage on complex topographies. *European Journal of Soil Science,* 54: 1-14.

Van Oost, K., Quine, T. A., Govers, G., De Gryze, S., Six, J., Harden, J. W., Ritchie, J. C., McCarty, G. W., Heckrath, G., Kosmas, C. et al. 2007. The impact of agricultural soil erosion on the global carbon cycle. *Science,* 318(5850): 626-629.

Vargas, R. & Omuto, C. 2016. *Soil loss assessment in Malawi.* FAO, UNDP-UNEP Poverty-Environment Initiative, and Ministry of Agriculture, Irrigation and Water development, Malawi.

Verheijen, F. G. A., Jones, R. J. A., Rickson, R. J. & Smith, C. J. 2009. Tolerable versus actual soil erosion rates in Europe. *Earth-Science Reviews*, 94(1-4): 23-38.

Walling, D. E. 1994. Measuring sediment yield from river basins. In R. Lal, ed. *soil erosion research methods, second edition*, pp. 39-82. Delray Beach, USA, Soil and Water Conservation

Society and St. Lucie Press.

Web of Science 2019. (www. webofknowledge. com), accessed 20 March 2019.

Wei, W., Chen, D., Wang, L., Daryanto, S., Chen, L., Yu, Y., Lu, Y., Sun, G. & Feng, T. 2016. Global synthesis of the classifications, distributions, benefits and issues of terracing. *Earth-Science Reviews,* 159: 388-403.

Wei, X., Shao, M., Gale, W. & Li, L. 2014. Global pattern of soil carbon losses due to the conversion of forests to agricultural land. *Nature Scientific Reports,* 4: 1-6.

Weigelt, J., Müller, A., Janetschek, H. & Töpfer, K. 2015. Land and soil governance towards a transformational post-2015 development agenda: an overview. *Current Opinion in Environmental Sustainability,* 15: 57-65.

Wilkinson, B. H. & McElroy, B. J. 2007. The impact of humans on continental erosion and sedimentation. *Geological Society of America Bulletin*, 119(1-2): 140-156.

Wilkinson, M. & Humphreys, G. 2005. Exploring pedogenesis via nuclide- based soil production rates and OSL-based bioturbation rates. *Australian Journal of Soil Research*, 43: 767-779.

Wischmeier, W. H. 1959. A rainfall erosion index for a universal soil loss equation. *Soil Science Society of America Proceedings,* 23: 246-249.

Wischmeier, W. H. & Smith, D. D. 1978. *Predicting rainfall erosion losses–a guide to conservation planning.* United States Department of Agriculture, Agriculture Handbook No. 537. 58 pp.

WOCAT. The World Overview of Conservation Approaches and Technologies [cited 10 April 2019]. *https://www. wocat. net.*

Wolfe, S. A. & Nickling, W. G. 1993. The protective role of sparse vegetation in wind erosion. *Progress in Physical Geography,* 17: 50-68.

Woodruff, N. P. & Siddoway, F. H. 1965. A wind erosion equation. *Soil Science Society of America Proceedings,* 29: 602-608.

Wu, W., Yan, P., Wang, Y., Dong, M., Meng, X. & Ji, X. 2018. Wind tunnel experiments on dust emissions from different landform types. *Journal of Arid Land,* 10(4): 548-560.

Wunder, S., Brouwer, R., Engel, S., Ezzine-de-Blas, D., Muradian, R., Pascual, U. & Pinto, R. 2018. From principles to practice in paying for nature's services. *Nature Sustainability,* 1(3): 145-150.

Yuan, Z., Jiang, S., Sheng, H., Liu, X., Hua, H., Liu, X., & You, Z. 2018. Human perturbation of the global phosphorus cycle: changes and consequences. *Environmental Science and Technology* (on-line; cited 15 March 2019). *https://pubs. acs. org/doi/abs/10. 1021/acs. est. 7b03910.*

Zhou, J., Zhang, M., & Lu, P. 2013. The effect of dams on phosphorus in the middle and lower Yangtze river. *Water Resources Research*, 49: 3659– 3669 (on-line; cited 15 March 2019). *https://agupubs. onlinelibrary. wiley. com/ doi/10. 1002/wrcr. 20283.*

图书在版编目（CIP）数据

土壤侵蚀：可持续土壤管理的巨大挑战/联合国粮食及农业组织编著；陈保青，董雯怡，张润哲译．—北京：中国农业出版社，2021.6
（FAO中文出版计划项目丛书）
ISBN 978-7-109-28152-3

Ⅰ.①土…　Ⅱ.①联…②陈…③董…④张…　Ⅲ.①土壤侵蚀-研究　Ⅳ.①S157

中国版本图书馆CIP数据核字（2021）第070592号

著作权合同登记号：图字01-2021-2166号

土壤侵蚀：可持续土壤管理的巨大挑战
TURANG QINSHI：KECHIXU TURANG GUANLI DE JUDA TIAOZHAN

中国农业出版社出版
地址：北京市朝阳区麦子店街18号楼
邮编：100125
责任编辑：郑　君　　文字编辑：郑　君　张楚翘
版式设计：王　晨　　责任校对：刘丽香
印刷：中农印务有限公司
版次：2021年6月第1版
印次：2021年6月北京第1次印刷
发行：新华书店北京发行所
开本：700mm×1000mm　1/16
印张：5
字数：150千字
定价：50.00元

封面设计: 田 雨

ISBN 978-7-109-28152-3

9 787109 281523 >

定价: 50.00元

FAO中文出版计划项目丛书

联合国粮食及农业组织 编著

葛 林 孙 研 等 译

粮 农 组 织 畜 牧 生 产 及 动 物 卫 生 准 则 21

发展小规模牲畜饲养者
可持续的价值链

DEVELOPING
SUSTAINABLE VALUE CHAINS
FOR SMALL-SCALE
LIVESTOCK PRODUCERS

Ƶ 中国农业出版社

联合国
粮食及
农业组织